SOLUTIONS
DES CAHIERS
D'ARITHMÉTIQUE
ET DE
SYSTÈME MÉTRIQUE

CORBEIL. — Typ. et stér. de CRÉTÉ FILS.

SOLUTIONS

DES CAHIERS

D'ARITHMÉTIQUE

ET DE

SYSTÈME MÉTRIQUE

PAR

L. ROLLIN

MEMBRE DE LA SOCIÉTÉ POUR L'ENSEIGNEMENT ÉLÉMENTAIRE

LIVRE DU MAITRE

PARIS

THÉODORE LEFÈVRE, ÉDITEUR

Rue des Poitevins

AVERTISSEMENT

Avant d'entreprendre les cahiers de calcul qui nous étaient demandés depuis longtemps, nous avons voulu étudier les causes auxquelles nous avons dû le succès de notre Méthode d'écriture. Nous croyons que ces causes peuvent surtout se résumer dans une extrême simplicité et un guide constant pour l'élève; pour le maître, dans une clarté telle, que d'un coup d'œil il peut juger si le devoir est bien accompli.

Nous avons aussi étudié avec une scrupuleuse attention les deux ou trois méthodes déjà parues, nous les avons pour ainsi dire expérimentées, et nous avons pensé pouvoir rendre quelques services en remédiant à certaines imperfections qui, dans la pratique, ont une importance réelle. Dans l'une, les chiffres donnés, ayant la forme des chiffres d'impression, ne peuvent servir de modèles; dans une autre, la place réservée pour l'opération est insuffisante, à moins que l'enfant n'y apporte un soin que l'on peut rarement demander à son âge; dans une troisième enfin, un grand nombre de problèmes s'égarent dans le domaine de la fantaisie et finissent par donner à l'enfant une fausse idée des choses de la vie. Avant d'expliquer la marche que nous avons suivie pour chaque cahier, nous dirons quelques mots sur l'ensemble de notre Méthode.

Nous avons tout d'abord attaché une grande importance à la perfection et à la forme des chiffres, afin que l'enfant eût toujours sous les yeux un bon modèle à imiter; nous avons pour cela fait graver exprès des chiffres d'une grande pureté et imitant l'écriture. Nous avons ensuite apporté dans la disposition des opérations et des problèmes un soin minutieux, pour que l'enfant ait toujours largement la place nécessaire; la position de chaque chiffre qu'il doit poser lui est toujours, dans les premiers cahiers, indiquée par un point; la Méthode le suit pas à pas dans ses progrès et ne l'abandonne à ses propres forces que le jour où il est assez avancé pour s'en passer.

Nous ne saurions trop appeler l'attention de nos confrères sur l'utilité capitale d'avoir une disposition bien indiquée et laissant largement l'espace nécessaire pour exécuter une opération; l'enfant ainsi guidé ne gâche plus de papier en essais infructueux, pose forcément ses chiffres les uns sous les autres, et contracte insensiblement les habitudes d'ordre et de régularité qui font les bons comptables.

Les problèmes que nous avons donnés sont essentiellement pratiques et conviennent à l'agriculture et aux différentes branches d'industrie; ils sont nombreux et variés afin d'intéresser et d'en rendre la recherche moins aride.

En tête de chaque page de nos cahiers se trouve la théorie des opérations qu'elle contient; le maître n'aura qu'à lui donner quelques développements à la leçon; il pourra même s'en dispenser en faisant apprendre ces définitions par cœur. Nous avons consacré deux cahiers au *système métrique*, cette partie si importante de l'arithmétique, et, par des figures très-exactes intercalées dans le texte, nous avons facilité la connaissance de la forme de nos différentes mesures.

Par ce nouveau travail longuement étudié, nous avons l'espoir d'avoir facilité la tâche laborieuse des instituteurs, et rendu moins aride aux élèves l'étude de cette branche si importante de l'enseignement primaire.

SOLUTIONS

PREMIER CAHIER

Numération.

Nous ne saurions trop engager les professeurs à insister beaucoup sur la numération et à ne point omettre de faire lire à leurs élèves tous les nombres formant les additions qui composent la deuxième partie du premier cahier.

Les exercices de la première page des nos 1 à 33, ne présentant aucune difficulté, nous n'en donnons point les résultats.

Nota. — Les numéros d'ordre correspondent à ceux des cahiers.

Page 2.

34	425	40	3.000.630
35	1.832	41	10.500.003
36	2.015	42	7.050.000
37	5.905	43	35.000.820
38	120.911	44	150.000.516
39	900.080	45	1.000.800.900

Page 3.

46	125.210	59	2.000.2
47	28.580	60	95.600
48	12.986	61	127.400
49	10.718	62	2.002.200
50	15.815	63	4.000.006.008
51	317.210	64	910.508
52	925.600	65	10.325
53	7.600.004	66	80.080
54	3.006.900	67	67.120
55	75.807	68	9.318
56	220.040	69	1.120.004
57	12.523	70	7.729
58	548.000	71	17.975

PREMIER CAHIER.

Page 4.

Le maître fera écrire en chiffres les nombres écrits en lettres, en recommandant aux élèves de bien mettre chaque chiffre sur les points placés dans les colonnes et indiquant les classes et les ordres. Les lettres C. D. U. signifient *centaines*, *dizaines*, *unités*.

72	35.000.823	85	2.200.025
73	43.000.705	86	328.212
74	76.000.516	87	95.237
75	93.006.012	88	127.915
76	150.000.516	89	622.500
77	300.000.714	90	10.827.002
78	944.620	91	5.200.105
79	533.087	92	18.000.400
80	1.000.400.003	93	7.000.004
81	2.000.425.000	94	8.900.500
82	60.000.725	95	2.004.005.002
83	400.725.000	96	8.995
84	6.748.900	97	12.325.000

Page 5.

L'élève doit écrire les nombres en allant de gauche à droite; il écrit d'abord tous les chiffres significatifs à la place qu'ils doivent occuper dans les colonnes et remplace les ordres manquants par des 0.

99	12.015.300.000	112	2.000.015.005
100	125.000.000.215	113	620.930
101	912.001.004	114	40.010.120
102	1.500.900.000	115	900.015.850
103	10.015.510	116	12.017.416
104	600.925	117	4.106.900.000
105	40.500.800	118	80.012.500.000
106	72.000.000.048	119	18.002.304
107	999.001.500	120	60.015.620
108	508.080.200	121	130.000.003.002
109	800.049	122	715.000.009
110	51.200.000	123	6.700.004
111	125.000.003.200	124	122.800.000

Page 6.

Pour lire rapidement les nombres, on les sépare par des points, en tranches de trois chiffres en allant de droite à gauche.

On énonce alors les chiffres qui terminent le nombre à gauche en nommant successivement chaque classe par son nom, mais on ne nomme pas les classes qui ne renferment que des zéros.

De 126 à 149.

4 millions 567 mille 234 unités.
250 millions 400 mille 745 unités.
1 million 900 mille 878 unités.
258 millions 325 mille.
453 mille 410 unités.
94 mille 740 unités.
4 mille 748 unités.
125 millions 925 mille.
239 millions.
1 billion 458 millions 795 mille 500 unités.
95 billions 777 millions 928 mille.
4 millions 542 mille 40 unités.
700 mille 5 unités.
52 millions 487 mille 800 unités.
9 mille.
27 mille 202 unités.
4 millions 504 mille 201 unités.
25 millions 720 mille 104 unités.
127 millions 995 mille 800 unités.
10 billions 100 mille 5 unités.
3 billions 504 millions 249 mille 795 unités.
127 billions 297 millions 877 mille 120 unités.

PAGE 7.

De 150 à 174.

427 millions 248 mille 609 unités.
4 billions 753 millions 425 unités.
9 millions 758 mille, 302 unités.
45 millions 215 mille 708 unités.
125 millions 418 mille 275 unités.
5 billions 548 millions 900 mille.
200 millions 404 mille 201 unités.
6 millions 799 mille 800 unités.

995 mille 777 unités.
129 millions 4 mille 6 unités.
6 billions 425 mille.
2 billions 225 mille 449 unités.
475 millions 208 mille 748 unités.
6 millions 500 unités.
8 billions 800 mille 808 unités.
121 millions 215 mille 962 unités.
45 millions 415 unités.
19 millions 19 mille 19 unités.
215 millions 627 mille 279 unités.
9 billions 9 millions 900 mille 999 unités.
210 millions 21 mille 2 unités.
4 millions 670 mille 709 unités.
7 billions 747 millions 774 mille 747 unités.
925 millions 175 mille 212 unités.
75 millions 927 mille 618 unités.

PAGE 8.

Numération décimale.

Les nombres décimaux sont les nombres plus petits que l'unité et qui se divisent en parties de 10 en 10 fois plus petites. Pour écrire les nombres décimaux, il faut autant de chiffres que pour écrire les nombres entiers, mais on le fait en sens inverse, c'est-à-dire en allant de gauche à droite.

Les ordres manquants se remplacent aussi par des zéros.

Les lettres U. d. c. m. dm. cm. m. signifient : *Unité, dixième, centième, millième, dix-millième, cent-millième, millionième.*

175	2,045	184	3,25
176	0,02460	185	0,128540
177	0,00533	186	12,029
178	18,065	187	0,120
179	0,009384	188	2,40
180	32,000015	189	0,240080
181	0,206	190	0,490
182	6,004	191	4,03
183	0,012004		

Page 9.

Le professeur veillera à ce que dans l'écriture des nombres décimaux, l'élève n'omette point la virgule qui doit séparer l'unité des parties décimales.

192	3,025008	205	3,415600
193	0,90002	206	9,875004
194	0,458715	207	0,125750
195	2,341007	208	2,640005
196	1,948600	209	4,005007
197	2,000459	210	2,12780
198	1,450202	211	3,000549
199	0,000160	212	2,600015
200	8,125004	213	3,0972
201	9,275040	214	7,4028
202	0,400004	215	6,250007
203	3,075002	216	5,007095
204	1,004500	217	0,9754

Page 10.

Pour cet exercice, le professeur pourra varier la lecture des nombres : ainsi l'exercice 220 peut se lire ou 45 *centièmes* 67 *dix-millièmes* 80 *millionièmes*, ou 456780 millionièmes, ou bien encore comme il est indiqué à la liste des réponses.

219 3 unités 9 centièmes 459 millionièmes.
220 456 millièmes 780 millionièmes.
221 4 unités 25 millièmes 9 millionièmes.
222 3 unités 45 centièmes 200 millionièmes.
223 125 millièmes 255 millionièmes.
224 8 unités 235 millièmes 670 millionièmes.
225 2 unités 35 centièmes 425 millionièmes.
226 9 unités 246 millièmes 175 millionièmes.
227 1 unité 563 millièmes 204 millionièmes.
228 0,964 millièmes 325 millionièmes.
229 853 millièmes 276 millionièmes.
230 4 unités 125 millièmes 85 millionièmes.
231 5 unités 9757 dix-millièmes.
232 6 unités 1 millième 5 millionièmes.
233 945 millièmes 615 millionièmes.
234 2 unités 9 dixièmes 9 millionièmes.

235 4 unités 175 millièmes 702 millionièmes.
236 10 centièmes 10 dix-millièmes 10 millionièmes.
237 1 unité 517 millièmes 927 millionièmes.
238 2 unités 468 millièmes 532 millionièmes.
239 6 unités 123 milièmes 456 millionièmes.
240 7 unités 177 millièmes 195 millionièmes.
241 9 unités 255 millièmes 79 cent-millièmes.
242 1 unité 874 millièmes 5 millionièmes.
243 563 millièmes 725 millionièmes.
244 6748 dix-millièmes.

Addition.

L'addition est une opération qui a pour but de réunir plusieurs nombres pour n'en former qu'un seul. Le résultat de cette opération se nomme SOMME ou TOTAL. L'addition ne peut avoir lieu qu'entre des nombres de même nature. Ainsi on ne peut additionner des francs avec des mètres; mais, au contraire, des francs avec des francs, des mètres avec des mètres.

Nous renouvelons la recommandation de faire apprendre par cœur aux élèves la table d'addition.

Les exercices de la page 12 ne présentant aucune difficulté, nous passons aux réponses de la page suivante.

PAGE 13.

146	5	161	786
147	9	162	979
148	9	163	987
149	9	164	599
150	9	165	958
151	8	166	999
152	55	167	969
153	79	168	399
154	78	169	889
155	89	170	899
156	93	171	959
157	88	172	559
158	556	173	999
159	537	174	875
160	986	175	869

Nota. — Les numéros d'ordre correspondent à ceux des cahiers.

Page 14.

Ainsi que dans la page précédente nous n'avons posé que des additions dont le produit de chaque colonne ne dépasse pas 9.

N°	Résultat
176	997
177	997
178	675
179	999
180	899
181	879
182	909
183	799
184	786
185	899
186	999
187	999
188	967
189	989
190	989
191	988
192	689
193	678
194	689
195	789
196	789
197	679
198	999
199	777
200	979
201	879
202	879
203	989
204	879
205	789
206	778
207	796
208	992
209	789
210	959
211	989

Page 15.

Afin de faciliter l'étude de l'addition aux jeunes enfants, on pourra leur permettre de poser au-dessus de chaque colonne le chiffre formant la retenue.

N°	Résultat
212	1400
213	1248
214	1164
215	1762
216	1528
217	1207
218	10725
219	15696
220	19874
221	17287
222	18815
223	15097
224	13900
225	15874
226	18292
227	18471
228	15834
229	22788
230	16788
231	12344
232	16542
233	20986
234	12356
235	18108
236	7404
237	16380
238	21643
239	10725
240	15088
241	18028

Page 16.

On exigera des élèves qu'ils fassent la preuve de leurs additions en les recommençant de bas en haut.

242	1.615.157
243	2.044.079
244	1.340.455
245	1.806.735
246	2.306.898
247	1.793.222
248	1.783.267
249	882.472
250	2.131.673
251	1.778.075
252	2.345.422
253	1.891.985
254	1.616.566
255	2.019.981
256	2.211.264
257	1.349.427
258	2.764.591
259	2.111.060
260	1.050.846
261	1.906.621
262	2.028.138
263	2.066.576
264	1.625.375
265	1.846.406
266	1.551.924

Page 17.

Pour lire facilement les nombres donnés par les totaux, le maître les fera séparer en tranches de trois chiffres en allant de droite à gauche.

267	223.443.146
268	309.883.411
269	297.771.623
270	343.566.068
271	291.787.018
272	228.874.396
273	306.412.241
274	299.541.883
275	354.638.681
276	206.217.400
277	236.865.051
278	368.331.280
279	280.873.917
280	295.739.250
281	362.312.464
282	277.872.245

Page 18.

Pour faire les additions horizontalement, on additionne les unités de chacune des premières rangées des quatre additions formant la 1re ligne, et on pose le résultat sur le dernier point à droite, on opère de même pour les dizaines, les centaines, les mille, etc.

Lorsqu'on a additionné ainsi les sept rangées formant les quatre premières additions, on obtient sept nombres qui, additionnés verticalement, doivent donner, si l'opération est bonne, le même total que celui obtenu par l'addition des quatre totaux des quatre additions faites verticalement.

283	.... 3.137.034	285	.... 3.705.896
284	.... 3.607.572	286	.... 4.724.615

Total des nos 283, 284, 285, 286 =			15.175.117.
Total de la 1re rangée des mêmes nos			1.389.721
—	2e	— —	2.322.612
—	3e	— —	2.234.915
—	4e	— —	1.301.927
—	5e	— —	2.906.074
—	6e	— —	2.433.027
—	7e	— —	2.586.841
Total des sept rangées.............			15.175.117

287	.... 3.138.282	289	.... 2.604.828
288	.... 3.186.261	290	.... 3.159.984

Total des nos 287, 288, 289, 290 =			12.089.355
Total de la 1re rangée des mêmes nos			2.113.519
—	2e	— —	1.060.483
—	3e	— —	1.273.263
—	4e	— —	2.001.952
—	5e	— —	2.145.667
—	6e	— —	1.556.829
—	7e	— —	1.937.642
Total des sept rangées.............			12.089.355

291	.... 2.630.394	293	.... 3.601.479
292	.... 2.659.397	294	.... 2.836.209

Total des nos 291, 292, 293, 294 =			11.727.479
Total de la 1re rangée des mêmes nos			1.618.268
—	2e	— —	1.398.626
—	3e	— —	1.871.105
—	4e	— —	1.616.412
—	5e	— —	2.396.957
—	6e	— —	1.526.968
—	7e	— —	1.299.143
Total des sept rangées.............			11.727.479

295	.... 3.096.134	297	.... 3.125.451
296	.... 2.858.670	298	.... 1.996.503

Total des nos 295, 296, 297, 298 = 11.076.758

Total de la 1re rangée des mêmes nos				2.086.049
—	2e	—	—	1.271.586
—	3e	—	—	1.802.464
—	4e	—	—	1.753.409
—	5e	—	—	1.196.655
—	6e	—	—	1.051.751
—	7e	—	—	1.914.844
Total des sept rangées...............				11.076.758

Page 19.

L'addition des nombres décimaux se fait comme celle des nombres entiers. La seule différence est qu'au total les entiers sont séparés des décimales par une virgule qui se place au-dessous de celles des nombres formant l'addition.

299	561	entiers	6797 dix-mill.	305	219	unités	00674 c. mill.
300	66	—	49736 c. mill.	306	304	—	136337 million
301	48	—	953344 million	307	348	—	531214 million
302	391	—	15721 c. mill.	308	206	—	86233 c. mill.
303	213	—	168029 million	309	260	—	709785 million
304	321	—	861945 million	310	276	—	573925 million

Page 20.

Les exercices de cette page sont destinés à habituer l'élève à poser seul les nombres. Pour lire les totaux, on les séparera en tranche de trois chiffres en allant de droite à gauche.

311	.... 12.686.474	316	.... 16.378.758
312	.... 75.003.883	317	.... 3.955.020.125
313	.... 21.774.007	318	.... 34.736.019
314	.... 7.054.832	319	.... 11.988.897
315	.... 82.493.019		

DEUXIÈME CAHIER

Soustraction.

La soustraction est une opération par laquelle, deux nombres étant donnés, on cherche de combien le plus grand surpasse le plus petit.

Les élèves apprendront par cœur la table de soustraction comme ils ont appris celle d'addition.

Les exercices des pages 2 et 3 ne présentant aucune difficulté, nous n'en donnons point les réponses.

PAGE 4.

1	33	16	114
2	52	17	243
3	32	18	232
4	22	19	121
5	50	20	214
6	15	21	151
7	222	22	152
8	12	23	233
9	215	24	115
10	131	25	351
11	214	26	123
12	112	27	233
13	633	28	262
14	223	29	114
15	211	30	246

PAGE 5.

Les exercices de cette page, ainsi que ceux de la page précédente, sont combinés de manière à ce que le chiffre supérieur soit toujours plus fort que le chiffre qui est placé au-dessous.

31	3323	35	7730
32	3222	36	4142
33	6223	37	2325
34	4433	38	4442

39	2222	50	5325
40	1113	51	3421
41	1111	52	3322
42	1104	53	2131
43	5421	54	2290
44	4241	55	3047
45	2233	56	33232
46	1447	57	62227
47	4542	58	57303
48	4366	59	56012
49	3413	60	47415

PAGE 6.

Nous n'avons point donné ici la méthode avec emprunt qui n'est plus usitée ; cependant comme pour certains enfants elle est plus facile à comprendre, nous engageons les professeurs à s'en servir au besoin.

61	211031	74	388146
62	160557	75	114132
63	208179	76	233103
64	222075	77	306550
65	515333	78	210657
66	387867	79	99899
67	478124	80	151513
68	227368	81	105377
69	88865	82	104593
70	689524	83	188601
71	388196	84	228131
72	614410	85	333221
73	202781		

PAGE 7.

On veillera à ce que les élèves forment bien leurs chiffres et posent bien les restes sous les colonnes sur lesquelles ils opèrent.

86	34.357.900	93	49.004.250
87	4.808.788	94	10.832.931
88	50.994.279	95	7.503.352
89	15.321.127	96	6.195.285
90	29.382.686	97	41.764.049
91	23.266.105	98	42.729.251
92	41.153.258	99	71.737.110

100	.... 56.459.224	105	.... 16.321.013
101	.... 29.104.752	106	.... 42.851.480
102	.... 19.004.268	107	.... 21.424.852
103	.... 56.251.089	108	.... 42.451.273
104	.... 16.083.559	109	.... 11.741.805

Page 8.

Nous avons multiplié les exemples de soustraction avec des zéros, ce cas offrant quelque difficulté aux enfants, difficulté qui n'existe pas pour ceux qui ont appris la soustraction par le système de compensation qui est celui dont nous avons donné la définition. C'est pourquoi nous ne saurions trop le recommander.

110	.... 229.466.788	122	.... 87.974.214
111	.... 432.510.524	123	.... 161.781.125
112	.... 111.778.765	124	.... 125.280.275
113	.... 73.009.232	125	.... 126.473.185
114	.... 74.665.610	126	.... 86.748.816
115	.... 351.863.410	127	.... 31.305.228
116	.... 376.543.211	128	.... 652.809.773
117	.... 549.928.042	129	.... 23.964.455
118	.... 660.761.305	130	.... 19.573.223
119	.... 33.196.868	131	.... 220.437.112
120	.... 181.885.679	132	.... 26.374.452
121	.... 545.432.102	133	.... 239.798.271

Page 9.

Ainsi que pour l'addition, on opère la soustraction des nombres décimaux comme celle des nombres entiers, on sépare seulement au résultat les entiers des décimales par une virgule qu'on pose au-dessous de celles des nombres sur lesquels on opère.

134	32	entiers	210	millièmes.	142	770	entiers	721	millièmes.
135	22	—	486	—	143	26	—	503	—
136	33	—	702	—	144	44	—	776	—
137	487	—	825	—	145	446	—	625	—
138	81	—	286	—	146	126	—	493	—
139	76	—	635	—	147	15	—	104	—
140	69	—	105	—	148	710	—	711	—
141	44	—	827	—	149	40	—	466	—

150	51	—	042	—		155	476	—	285	—
151	118	—	321	—		156	561	—	467	—
152	516	—	451	—		157	266	—	455	—
153	381	—	146	—		158	472	—	085	—
154	696	—	092	—						

Page 10.

Les exercices de cette page sont destinés à habituer l'élève à disposer seul les opérations. Il devra bien faire ses chiffres et poser les unités sous les unités, les dizaines sous les dizaines, les centaines sous les centaines afin que tout soit dans l'ordre voulu.

159	36.513.255	167	46.282.934
160	18.873.142	168	720.000.406
161	43.020.520	169	555.573.785
162	175.784.732	170	29.983.115
163	72.000.203	171	612.000.635
164	459.771.785	172	70.683.267
165	520.087.281	173	202.224.376
166	628.404.687		

Page 11.

Les observations des deux pages précédentes s'appliquent à cette page et à la suivante qui contient des exercices semblables.

174	2.012.643	182	84.024.708
175	11.711.451	183	184.150.797
176	47.801.911	184	29.282.834
177	65.362.079	185	52.481.725
178	291.382.050	186	96.997.885
179	245.984.751	187	67.480.517
180	100.151.676	188	126.606.704
181	64.212.864		

Page 12.

189	1.361.171	197	180.881.276
190	48.254.413	198	5.500.314.497
191	78.012.453	199	236.362.771
192	398.786.623	200	1.087.269.705
193	727.447.021	201	320.685.318
194	787.630.628	202	28.350.905
195	852.275.037	203	5.504.823.756
196	205.954.527		

PAGE 13.

Problèmes sur l'addition.

204 8+12+25+15+48= 106 arbres fruitiers.
205 29+35+48+52= 164 élèves.
206 228+186+215+148=777 litres.
207 150+315+18+132+45= 660 animaux.
208 15+18+16+17= 67 marches.
209 525+315+98+112= 1050 francs.

PAGE 14.

210 215+525+615+112= 1,467 œufs.
211 2,400+1,800+600= 4,800 francs.
212 1,425+1,872+2,430= 5,727 bottes de foin.
213 790+1,415+1,219+1,719=5,143 planches.
214 6,845+7,815+2,619 = 17,279 cartouches.
215 2,400+1,800+1,500+1,200+1,000+900= 8,800 fr. par an.

PAGE 15.

Nous engageons vivement les maîtres à exiger des élèves qu'ils posent leurs opérations d'une manière nette et symétrique; sans cette précaution il n'y a pas de calcul possible.

216 .... 992 habitants.
217 .... 2,600 francs.
218 .... 807 —
219 ...... 2,165 francs.
220 ...... 498,800 hommes.
221 ...... 3,495 francs.

PAGE 16.

222 .... 147 fr. 35 c.
223 .... 1,296 francs.
224 .... 16 fr. 75 c.
225 .... 40 fr. 90 c.
226 .... 91 mèt. 95 cent.
227 .... 246 fr. 10 c.

PAGE 17.

Problèmes sur la soustraction.

Le professeur devra s'appliquer à bien faire comprendre à ses élèves la différence qui existe entre l'addition qui réunit les nombres et la soustraction qui les sépare, afin que peu à peu ils s'habituent à savoir dans quels cas il faut employer ces deux opérations.

228	...... 6.255 francs.	232	.... 32.755 francs.
229	...... 37 ans.	233	.... 526 litres.
230	...... 55.000 francs.	234	.... 550 francs.
231	...... 156.345 hommes.	235	...... 92 élèves de plus.

PAGE 18.

236	..... 1.800 fr. de plus.	241	.... 148 enfants.
237	..... 2.004 fruits.	242	.... 12 ans de plus.
238	..... 300 volumes.	243	.... 1873—1863=10 ans. 1873—1867= 6 ans.
239	.... 43.900 fr. de bénéf.		
240	.... 1.474.423 habitants.		

PAGE 19.

244	.... 242 habitants.	248	.... 66.502 unités.
245	.... 905 mètres.	249	.... 6.211 francs.
246	.... 65 ans.	250	...... 805 bottes de foin.
247	.... 67 poires.	251	.... 1.205 mètres.

PAGE 20.

252	.... 124 fr. 10 c.	256	.... 37.379 fr. 05 c.
253	.... 937.220 unités.	257	.... 72 ans.
254	.... 8.904 fr. 25 c.	258	.... 332 années.
255	.... 2 fr. 50 par jour.	259	.... 245 années.

TROISIÈME CAHIER

Multiplication des nombres entiers.

Pour faire la multiplication, il faut deux nombres, l'un appelé *multiplicande* et l'autre *multiplicateur*, et l'opération se fait en répétant chaque chiffre du multiplicande autant de fois qu'il y a d'unités dans le multiplicateur. On nomme *produit* le résultat de cette opération.

Les exercices de la page 2 sont destinés à habituer l'élève à se servir de la table de multiplication, mais il faudra qu'il apprenne cette table par cœur afin de pouvoir s'en passer pour les exercices suivants.

PAGE 3.

1	1.170	16	430.704
2	1.308	17	110.368
3	16.446	18	475.678
4	12.804	19	476.304
5	27.402	20	324.485
6	49.378	21	389.408
7	319.697	22	269.199
8	189.432	23	386.192
9	332.307	24	538.328
10	327.185	25	89.628
11	210.774	26	159.064
12	99.666	27	327.185
13	39.570	28	578.712
14	231.856	29	274.498
15	189.602	30	257.160

PAGE 4.

Cette page, comme la précédente, a pour but d'habituer l'élève à la multiplication par un chiffre. Le professeur continuera les exercices de numération en faisant lire à haute voix le résultat des opérations.

31	32.797.247	45	62.851.512
32	10.863.888	46	57.532.446
33	87.807.069	47	51.925.974
34	412.525.926	48	9.505.902
35	23.428.960	49	38.612.876
36	16.522.268	50	29.198.820
37	29.630.247	51	19.631.367
38	195.793.086	52	18.745.748
39	19.166.128	53	77.225.984
40	28.171.095	54	67.856.805
41	28.123.926	55	45.065.678
42	67.605.636	56	55.802.736
43	42.638.912	57	42.478.677
44	58.943.889	58	20.811.204

PAGE 5.

Les exercices de cette page, ainsi que ceux de la page suivante, sont destinés à apprendre à l'élève à faire la multiplication par deux chiffres. Ces opérations ne présentent aucune difficulté ; l'élève opère avec le premier chiffre du multiplicateur de la même manière qu'à la page précédente, puis ensuite il opère avec le second chiffre de la même façon qu'avec le premier, en ayant soin seulement de poser son produit en en reculant les chiffres d'un rang vers la gauche.

Il souligne ces produits partiels par un trait horizontal et écrit au-dessous le produit définitif.

59	1.078.539	67	33.043.248
60	21.038.445	68	72.540.785
61	19.849.050	69	64.667.766
62	23.764.027	70	66.003.789
63	46.133.334	71	26.973.525
64	65.577.296	72	39.953.088
65	54.258.288	73	43.897.230
66	73.018.800	74	46.914.168

PAGE 6.

75	201.468.803	85	177.585.172
76	569.263.683	86	948.090.122
77	563.169.966	87	526.668.696
78	90.750.608	88	795.096.844
79	64.387.364	89	534.347.775
80	426.624.148	90	220.135.075
81	270.867.519	91	543.482.568
82	353.444.805	92	37.247.408
83	647.833.356	93	417.096.631
84	562.266.297	94	4[illegible]1.950.715

PAGE 7.

Dans cette page et dans la suivante, les multiplicateurs ont trois chiffres; l'opération se fait de la même manière que pour les multiplicateurs à deux chiffres; la seule différence est qu'on a trois produits à additionner au lieu de deux. Le troisième produit se recule d'un rang sur le second.

95	242.578.032	100	295.839.864
96	246.235.038	101	255.757.176
97	813.100.476	102	246.340.710
98	552.600.684	103	421.601.760
99	91.620.546	104	348.825.663

105	652.010.190	108	255.927.672
106	290.588.624	109	334.748.881
107	633.079.938	110	856.288.215

Page 8.

111	931.641.880	119	346.743.867
112	766.001.568	120	441.232.042
113	337.854.624	121	576.572.832
114	188.789.263	122	584.767.106
115	454.201.308	123	490.669.318
116	227.510.361	124	421.743.297
117	180.120.708	125	677.219.020
118	516.635.622	126	884.929.071

Page 9.

Le maître veillera à ce que les élèves apportent une grande exactitude dans la pose des chiffres; il devra aussi les habituer à faire leurs chiffres petits et bien nets, semblables à ceux des modèles. C'est surtout dans les opérations un peu longues que la nécessité de la régularité des chiffres se fait sentir.

127	2.241.079.120	135	2.160.130.752
128	2.381.081.444	136	5.536.271.521
129	3.917.157.954	137	3.919.225.752
130	5.617.429.993	138	2.824.950.657
131	5.844.870.474	139	3.069.389.751
132	5.593.124.121	140	5.528.404.725
133	1.613.808.801	141	4.561.845.484
134	5.484.055.694	142	6.198.159.730

Page 10.

143	2.729.142.570	151	2.057.635.251
144	1.171.295.524	152	609.287.500
145	5.600.955.388	153	3.262.531.176
146	1.704.161.281	154	1.448.067.894
147	6.286.007.291	155	2.632.476.392
148	4.893.518.388	156	6.486.828.285
149	5.193.459.267	157	8.140.340.824
150	3.150.234.945	158	1.912.733.918

Page 11.

Les exercices de cette page ont pour objet d'habituer l'élève aux multiplications où il se rencontre des zéros soit au multiplicande, soit au multiplicateur. Quand il se trouve un ou plusieurs zéros au multiplicande, on les pose simplement au produit partiel et l'on continue sa multiplication comme de coutume. Si les zéros sont au multiplicateur, on les pose également et l'on multiplie par le chiffre significatif suivant.

Il faut avoir soin alors de reculer d'un rang de plus vers la gauche le premier chiffre que l'on obtient en multipliant par le chiffre significatif suivant.

159	.... 2.075.221.059	167	.... 7.727.990.204
160	.... 548.065.455	168	.... 2.313.111.810
161	.... 1.291.326.036	169	.... 8.272.040.040
162	.... 6.450.680.924	170	.... 4.520.359.712
163	.... 3.732.700.444	171	.... 2.373.278.154
164	.... 3.655.315.440	172	.... 7.819.754.241
165	.... 6.655.912.427	173	.... 3.508.411.016
166	.... 6.343.113.664	174	.... 5.795.533.536

PAGE 12.

La multiplication des nombres décimaux se fait comme celle des nombres entiers, mais on retranche au produit par une virgule, en allant de droite à gauche, autant de chiffres qu'il y a de chiffres décimaux au multiplicande et au multiplicateur réunis.

175	.... 28.654,2410	181	.... 1.404.836,2560
176	.... 189.076,0060	182	.... 2.970.079,0800
177	.... 1.115.592,9295	183	.... 6.647.288,2250
178	.... 3.408.298,9740	184	.... 2.117.598,5236
179	.... 3.116.822,4375	185	.... 3.384.168,5265
180	.... 919.3918,7456	186	.... 4.691.298,8092

PAGE 13.

187	..... 27.757,27905192	193	369.726,917315 million.
188	..... 1.859.920,152760	194	383.003,709240 —
189	..... 275.664,30465	195	726.714,495760 —
190	..... 6.403.353,00350	196	400.622,225684 —
191	..... 843.443,528840	197	3.725.515,010880 —
192	..... 141.2093,492700	198	3.138.106,363200 —

PAGE 14.

L'élève n'aura qu'à ajouter un zéro aux nombres à multiplier par 10; deux zéros à la fin des nombres à multiplier par 100 et trois zéros à la fin des nombres à multiplier 1000.

PAGE 15.

Pour faire la preuve par 9 on dispose d'abord une croix —|—, puis on additionne dans leur valeur absolue, en passant les 9 s'il y en a, tous les chiffres du multiplicande, et après en avoir soustrait 9 chaque fois qu'on le peut, on place le reste de cette soustraction dans l'angle d'en haut à droite de la croix. *Ex* : du nº 199.

$1+5+4=10-9=1+5=6$. (On n'additionne pas le 9) $\frac{5}{3}\big|\frac{6}{3}$.

On agit de même pour les chiffres du multiplicateur et l'on pose le reste dans l'angle de gauche en haut, $3+2=5$. On multiplie ces nombres l'un par l'autre, $5\times6=30$, on en extrait tous les 9, 3 fois $9=27$, $30-27$ il reste 3 que je pose dans l'angle de gauche en bas.

On additionne les chiffres du produit en en retranchant les 9 comme on a fait pour ceux du multiplicande, et l'on pose le reste de ces soustractions dans l'angle de droite en bas. Pour que l'opération soit bonne, il faut que les chiffres placés dans les deux angles inférieurs soient semblables.

$6+5=11-9+2$ (je passe les 9) $\times\, 2=4+8=12;12-9=3$.

199	60.599.280	*Preuve :*	$\frac{5}{3}\big|\frac{6}{3}$
200	537.212.440	—	$\frac{4}{1}\big|\frac{7}{1}$
201	48.494.366	—	$\frac{2}{8}\big|\frac{4}{8}$
202	190.384.740	—	$\frac{7}{0}\big|\frac{0}{0}$
203	729.213.750	—	$\frac{0}{0}\big|\frac{8}{0}$
204	707.372.427	—	$\frac{6}{3}\big|\frac{8}{3}$

Page 16.

		Preuves :		
205	.... 2.188.609.416	N° 205	N° 208	N° 211
206	.... 48.312.101.232	3 | 0	8 | 1	6 | 8
207	.... 6.796.293.966	0 | 0	8 | 8	3 | 3
208	.... 1.981.143.626	N° 206	N° 209	N° 212
209	.... 41.763.181.742	0 | 2	1 | 8	3 | 6
210	.... 43.671.177.901	0 | 0	8 | 8	0 | 0
211	.... 29.313.618.870	N° 207	N° 210	N° 213
212	.... 22.258.121.697	6 | 6	5 | 2	0 | 4
213	.... 45.999.404.451	0 | 0	1 | 1	0 | 0

Page 17.

		Preuves :		
214	.... 218.905,850936	N° 214	N° 217	N° 220
215	.... 3.075.900,7870	4 | 5	0 | 6	0 | 8
216	.... 14.041,133790	2 | 2	0 | 0	0 | 0
217	.... 128.319,503760	N° 215	N° 218	N° 221
218	.... 277.708,16385	7 | 4	0 | 0	0 | 6
219	.... 31.625,785425	1 | 1	0 | 0	0 | 0
220	.... 88.672,058685	N° 216	N° 219	N° 222
221	.... 322.830,159795	3 | 5	3 | 7	0 | 3
222	.... 7.049.166,324480	6 | 6	3 | 3	0 | 0

Page 18.

Problèmes.

223 Si 1 ouvrier est payé 5f,50, 150 ouvriers seront payés 150 fois plus ou 5f,50 × 150 = 825 francs par jour. Si 825 sont la paye d'un jour, la paye de 6 jours sera 6 fois plus ou 825 francs × 6 = 4,950 francs.

Réponse. On paye tous les 6 jours 4,950 francs.

224 Si une pièce de vin coûte 165 francs, 36 pièces coûteront 36 fois plus ou 165 × 36 = 5,940 francs.

Réponse. On a dépensé 5,940 francs.

225 Si dans 1 heure il y a 60 minutes, dans 24 heures il y aura

24 fois plus ou 60 × 24 = 1,440 minutes.

Réponse. Il y a 1,440 minutes dans 1 jour.

226 Si 1 ouvrier gagne 125 francs par mois, en 12 mois il gagnera 12 fois plus ou 125 × 12 = 1,500 francs.

227 Si 1 mètre d'étoffe coûte 1f,60, 56 mètres coûteront 56 fois plus ou 1f,60 ; × 56 = 89f,60 si une pièce coûte 89f,60, 25 pièces coûteront 25 fois plus ou 89f,60 × 25 = 2,240 francs.

228 Si 1 mètre est loué 0,10 centimes, 15,680 mètres rapporteront 15,680 × 0,10 = 1,568 francs.

229 Si 1 mètre d'étoffe coûte 3f,50, 6m,25 coûteront 6,25 fois plus ou 3,50 × 6,25 = 21f,875 millièmes.

230 Si une ouvrière fait 25 mètres par jour et une autre 30 mètres par jour, elles font par jour à elles deux 25 + 30 = 55 mètres. Si elles font 55 mètres par jour, en 15 jours elles feront 15 fois plus ou 55 × 15 = 825 mètres.

231 Si un ouvrier gagne 7f,25 par jour et qu'il en dépense 5f,50 il met de côté par jour 7,25 — 5,50 = 1f,75, et s'il travaille pendant 290 jours il mettra de côté par an 1f,75 × 290 = 507f,50 centimes.

Page 19.

232 Si un arbre coûte 0f,75 5,495 coûteront 5,495 fois plus ou 5,495 × 0,75 = 4,121f,25. Si une journée coûte 3f,50, 150 journées coûteront 150 fois plus ou 3f,50 × 150 = 525 francs. 4,121f,25 d'arbres + 525 francs de journées = 4,646f,25.

233 Si 1 bœuf est vendu 625 francs, 150 coûteront 150 fois plus ou 625 × 150 = 93,750 francs et 125 à 590 francs coûteront 125 fois plus ou 590 × 125 = 73,750 francs 93,750 + 73,750 = 167,500 francs.

234 Si 1 mètre d'étoffe coûte 1f,75, 12 mètres coûteront 12 fois plus ou 1,75 × 12 = 21 francs. Si 1 mètre doublure coûte 0f,60, 4 mètres coûteront 4 fois plus ou 0f,60 × 4 = 2f,40.

21 francs + 2,40 = 23 francs 40 centimes.

235 Une douzaine ou 12 paires × par 120 douzaines = 1440 paires de gants. S'il vend 1f,15 la paire qui lui coûte 0f,95, il gagne 1,15 — 0,95 = 0,20 par paire et 1440 fois plus sur les 1440 paires ou 1440 × 0,20 = 288 francs.

236 Si 1 mètre de drap vendu 16f,75 ne coûte que 14f,90 le marchand gagne 16f,75 — 14f,90 = 1f,85 par mètre, et s'il en vend 60m,75 60,75, fois plus ou 60,75 × 1,85 = 112 francs 3875 dix-millièmes.

237 S'il y a 6 carreaux dans une fenêtre, il y en aura 180 fois plus dans 180 fenêtres ou 180 × 6 = 1,080 carreaux.

Si 1 carreau coûte 1f,75, 1,080 carreaux coûteront 1080 fois plus ou 1080 × 1,75 = 1,890 francs.

Page 20.

238 Si le père gagne 250 francs, le fils 125 francs et l'autre 80 francs, ils gagneront par mois à eux trois 250 + 125 + 80 = 455, il y a 12 mois dans l'année; ils gagneront donc 12 fois 455 francs ou 455 × 12 = 5,460 francs.

239 Si dans 1 minute il y a 60 secondes, dans 60 minutes ou 1 heure il y aura 60 fois plus ou 60 × 60 = 3,600 secondes et dans 18 heures 18 fois plus ou 3600 × 18 = 64,800 secondes.

240 Si 1 ouvrier gagne 0,60 par heure, il gagnera dans sa journée de 11 heures 11 fois plus ou 0,60 × 11 = 6f,60 et en 360 jours 360 fois plus ou 6,60 × 360 = 2,376 francs.

241 S'il y a 44 lettres à la ligne dans 52 lignes ou 1 page il y a 52 fois plus ou 44 × 52 = 2,288 lettres et dans 120 pages, 120 fois plus ou 2,288 × 120 = 274,560 lettres.

242 S'il y a 32 volumes sur 1 planche, sur 12 planches il y a 12 fois plus ou 32 × 12 = 384 volumes. Si la reliure d'un volume coûte 1f,50, la reliure de 384 volumes coûtera 384 fois plus ou 384 × 1,50 = 576 francs.

243 S'il y a 180 lignes dans 1 colonne, dans 24 colonnes il y a 24 fois plus ou 180 × 24 = 4,320 lignes, et s'il y a 48 lettres à la ligne, dans 4,320 lignes il y a 4,320 fois plus ou 4,320 × 48 = 207,360 lettres.

QUATRIÈME CAHIER

Division.

La division est une opération par laquelle, deux nombres étant donnés, l'un appelé DIVIDENDE et l'autre DIVISEUR, on en cherche un troisième nommé QUOTIENT qui indique combien de fois le diviseur est contenu dans le dividende, le mot QUOTIENT signifie *combien de fois*.

L'élève apprendra par cœur la table de division. Les exercices de la page 2 étant très-faciles, nous passons pour les réponses à ceux de la page 3.

Page 3.

Nos	Quotients	Restes	Nos	Quotients	Restes
1	124	4	7	1220	4
2	2341	0	8	1075	1
3	3248	0	9	2277	1
4	1974	0	10	1990	2
5	1442	1	11	490	0
6	1354	4	12	1305	0

Page 4.

Nos	Quotients	Restes	Nos	Quotients	Restes
13	526	5	25	3162	1
14	981	5	26	8679	3
15	1296	0	27	9157	0
16	1382	0	28	6853	4
17	6910	3	29	3937	1
18	9934	5	30	3561	4
19	9498	8	31	7152	3
20	3596	2	32	5274	0
21	8548	0	33	7249	2
22	4182	2	34	3491	2
23	5437	1	35	3677	3
24	6750	3	36	2183	2

Page 5.

Cette page et les deux suivantes sont consacrées aux divisions de deux chiffres. Ces divisions se font comme celles à un chiffre. L'opération se commence par la gauche, où l'on sépare du dividende général, un dividende partiel assez fort pour contenir le diviseur au moins une fois et 9 fois au plus. On multiplie le diviseur par le chiffre posé au quotient et le chiffre que l'on obtient est soustrait du dividende partiel, le reste que l'on obtient doit être plus faible que le diviseur. On abaisse successivement chaque chiffre du dividende, et les chiffres posés au quotient indiquent combien de fois le diviseur est contenu dans le dividende.

Nos	Quotients	Restes	Nos	Quotients	Restes
37	...... 43.542	 3	45	...... 35.672	 18
38	...... 56.224	 4	46	...... 28.124	 22
39	...... 52.636	 0	47	...... 32.477	 10
40	...... 10.420	 13	48	...... 23.568	 6
41	...... 46.592	 0	49	...... 28.369	 27
42	...... 22.636	 0	50	...... 20.936	 24
43	...... 34.478	 12	51	...... 22.246	 24
44	...... 30.299	 5			

Page 6.

Nos	Quotients	Restes	Nos	Quotients	Restes
52	...... 11.865	 32	60	...... 14.311	 7
53	...... 17.969	 5	61	...... 10.440	 35
54	...... 21.759	 36	62	...... 10.912	 24
55	...... 17.627	 31	63	...... 10.675	 53
56	...... 19.400	 3	64	...... 11.816	 6
57	...... 16.246	 42	65	...... 10.622	 33
58	...... 11.923	 28	66	...... 10.486	 10
59	...... 13.416	 22			

Page 7.

Nos	Quotients	Restes	Nos	Quotients	Restes
67	...... 12.216	 37	72	...... 11.505	 42
68	...... 12.116	 50	73	...... 10.826	 18
69	...... 13.345	 27	74	...... 11.218	 40
70	...... 12.926	 47	75	...... 11.037	 81
71	...... 13.165	 32	76	...... 9.714	 00

Nos	Quotients	Restes	Nos	Quotients	Restes
77	...... 10.407	 39	80	...... 2.953	 56
78	...... 10.082	 48	81	...... 9.178	 15
79	...... 10.203	 55			

Page 8.

Les observations que nous avons faites au sujet de la division par deux chiffres s'appliquent également à la division par trois chiffres, il faut seulement prendre un chiffre de plus au premier dividende partiel.

Nos	Quotients	Restes	Nos	Quotients	Restes
82	...... 38.788	 53	90	...... 30.423	 18
83	...... 44.926	 37	91	...... 19.092	 97
84	...... 11.998	 5	92	...... 16.641	 70
85	...... 26.712	 130	93	...... 20.301	 318
86	...... 20.881	 140	94	...... 19.215	 1
87	...... 14.397	 126	95	...... 17.529	 206
88	...... 14.379	 116	96	...... 14.425	 70
89	...... 24.768	 216			

Page 9.

Nos	Quotients	Restes	Nos	Quotients	Restes
97	..... 10.647	 267	105	..... 10.973	 152
98	..... 17.704	 244	106	..... 13.955	 10
99	..... 12.077	 400	107	..... 15.809	 372
100	..... 22.705	 240	108	..... 12.461	 354
101	..... 20.463	 209	109	..... 14.411	 630
102	..... 13.286	 286	110	..... 14.702	 271
103	..... 14.766	 5	111	..... 12.705	 178
104	..... 13.122	 79			

Page 10.

Nos	Quotients	Restes	Nos	Quotients	Restes
112	 10892	 457	120	 14123	 273
113	 20615	 458	121	 11559	 221
114	 48876	 109	122	 27068	 12
115	 10566	 218	123	 11675	 202
116	 10273	 108	124	 10654	 285
117	 10588	 381	125	 9792	 530
118	 11644	 144	126	 10953	 710
119	 11762	 136			

Page 11.

La preuve de la division se fait en multipliant le diviseur par le quotient. On ajoute le reste au produit de cette multiplication, et si l'opération est juste, on doit retrouver exactement le dividende.

Nos	Quotients	Restes	Nos	Quotients	Restes
127	 219	 12	131	 136	 349
128	 124	 281	132	 272	 711
129	 126	 451	133	 846	 332
130	 125	 608	134	 878	 686

Page 12.

Nos	Quotients	Restes	Nos	Quotients	Restes
135	 18604	 1997	138	 8329	 1003
136	 10013	 2438	139	 8961	 2519
137	 13308	 5442	140	 8622	 399

Page 13.

Nos	Quotients	Restes	Nos	Quotients	Restes
141	 14879	 3670	144	 14460	 3770
142	 12024	 4829	145	 11224	 2530
143	 8382	 4414	146	 12353	 1014

Page 14.

Nos	Quotients	Restes	Nos	Quotients	Restes
147	 14866	 3024	150	 14317	 2313
148	 12354	 1842	151	 14793	 93
149	 11457	 1980	152	 11386	 367

Page 15.

L'élève supprimera un zéro à tous les nombres de la colonne à diviser par 10; deux zéros aux nombres à diviser par 100, et trois zéros aux nombres à diviser par 1000.

Page 16.

La division des nombres décimaux présente trois cas.

1° Quand le dividende et le diviseur ont chacun un nombre

égal de chiffres décimaux, on agit comme s'il n'y en avait pas et on obtient des entiers au quotient.

2° Quand le diviseur seul a des chiffres décimaux, on ajoute au dividende autant de zéros qu'il y a de chiffres décimaux au diviseur, et l'on obtient également des entiers au quotient.

3° Quand le dividende seul a des chiffres décimaux, on n'a pas besoin d'ajouter de zéro au diviseur, seulement au quotient on met une virgule lorsque, dans les dividendes partiels, on descend le premier chiffre décimal.

Nota. — Si dans le cas où le dividende et le diviseur ont tous deux des chiffres décimaux, le premier en a plus que le second, on met une virgule au quotient quand on descend les chiffres décimaux qui dépassent au dividende, ceux du diviseur.

Nos	Quotients	Restes	Nos	Quotients	Restes
153	36	570	161	13,97	3
154	1	1755	162	413	10109
155	0,15	20	163	605	7610
156	45	737	164	2,16	50
157	44	7500	165	361	13205
158	1,63	3	166	286	8204
159	77	7082	167	5,95	60
160	126	1250			

Page 17.

Nos	Quotients	Restes	Nos	Quotients	Restes
168	129	16230	173	1592	9992
169	122	32090	174	20,45	220
170	493	1834	175	19,29	2335
171	7689	12261	176	14,73	538
172	2796	22640			

Page 18.

Les exercices de cette page et ceux des deux suivantes ont pour but d'habituer l'élève à poser seul les opérations. Il placera le dividende de chacune des divisions sur les points marqués à gauche de chacun des compartiments réservés aux opérations, le diviseur à droite et le quotient au-dessous de la ligne horizontale destinée à le séparer du diviseur.

Nos	Quotients	Restes	Nos	Quotients	Restes
177	 173	 25143	183	 67	 1050
178	 161	 7140	184	 323	 10221
179	 226	 1862	185	 182	 6303
180	 163	 1520	186	 36	 3156
181	 363	 17932	187	 766	 1080
182	 123	 31410	188	 323	 11987

Page 19.

Nos	Quotients	Restes	Nos	Quotients	Restes
189	 169	 23997	195	 101	 35271
190	 399	 21850	196	 86	 51608
191	 64	 69512	197	 200	 11571
192	 325	 22693	198	 165	 17857
193	 69	 68254	199	 69	 43413
194	 42	 13350	200	 47	 24849

Page 20.

Nos	Quotients	Restes	Nos	Quotients	Restes
201	 160	 12803	207	 5,2	 31036
202	 108	 17281	208	 1,8	 20658
203	 211	 12831	209	 12,6	 10911
204	 158	 10197	210	 22,6	 13670
205	 150	 13029	211	 14,4	 42900
206	 93	 19431	212	 35,8	 21313

CINQUIÈME CAHIER

Ce cahier renferme 150 problèmes sur l'addition, la soustraction, la multiplication et la division de nombres entiers et des nombres décimaux.

Page 1.

1	Addition	1968 francs.	6	Addition	684 pommes.
2	—	301 fr. 75.	7	—	3243 francs.
3	—	239 arbres.	8	—	4502 b. de foin.
4	—	16500 francs.	9	—	5460 francs.
5	—	8220 mètres.			

PAGE 2.

10 Addition 340 animaux.
11 — 384 —
12 — 394 hectares.
13 — 264 élèves.
14 — 355 mètres.
15 Addition 1079 litres.
16 — 20500 kilomèt.
17 — 1155 mill. d'hab.
18 — 148.500.000 hab.

PAGE 3.

19 On m'a rendu la 1re fois 6,000 francs, la 2e 7,500 fr., la 3e 3,900 fr.; donc on m'a rendu 6,000 + 7,500 + 3,700 fr. = 17,400 fr. Je devais 28,000 francs : 28,000 — 17,400 que j'ai rendus = 10,600 francs.

Je dois encore 10,600 francs.

20 Les 3 lots de 3,800 + 6,425 + 9,500 = 19,725 mètres. Si la superficie totale était de 25,000 mètres, celle du 4e lot est la différence entre 25,000 et le total formé par les 3 premiers lots.

Ou 25,000 — 19,725 = 5,275 mètres pour le 4e lot.

21 Si ces deux personnes gagnent 1° l'une 6,000 francs et l'autre 9,000 fr., elles gagnent à elles deux 6,000 + 9,000 = 15,000 fr. Si elles dépensent l'une 3,600 fr. et l'autre 4,575 fr. par an, elles dépensent à elles deux 4,575 + 3,600 = 8,175 francs.

15,000 — 8,175 = 6,825 francs.

Ce problème peut aussi se faire comme il suit : 6,000 — 3,600 = 2,400. 9,000 — 4,575 = 4,425 + 2,400 = 6,825.

22 48,500 francs — 1,200 fr. = 47,300 francs.

Cette propriété avait coûté 47,300 francs.

23 1874 — 1810 = 64 ans. 1874 — 1837 = 37 ans.

24 12,500 francs + 6,785 = 19,285 francs sont repris, j'avais 30,000 francs. 30,000 — 19,285 = 10,715 francs qui restent en dépôt.

25 500 + 200 + 300 + 350 = 1,350 francs de dépense, revenu 12,000 fr. — 1,350 = 10,650 francs net.

26 45 fr. + 35 + 25 = 105 francs de chauffage.

27 1,000 francs × 35 pensionnaires = 35,000 francs par an : 80 externes à 120 francs = 80 × 120 = 9,600 francs. 35,000 + 9,600 = 44,600 francs par an.

PAGE 4.

28 3 veaux à 95 francs = 95 × 3 = 285 francs. 6 moutons à 60 francs = 60 × 6 = 360 francs. 1 bœuf 600 francs + 285 + 360 = 1,245 francs.

29 Si le bœuf coûte 600 francs, il faut qu'il le vende 635 francs pour gagner 35 francs dessus; le veau 95 + 15 = 110 francs; le mouton 60 + 10 = 70 francs. Il faudra qu'il vende le bœuf 635 francs, le veau 110 francs, et le mouton 70 francs.

S'il gagne 15 francs sur le veau, sur 3 veaux, il gagnera 3 fois plus ou 15 + 3 = 45 francs s'il gagne 10 francs sur le mouton, sur 6 moutons, il gagnera 6 fois plus ou 10 × 6 = 60 francs. 35 + 45 + 60 = 140 francs de bénéfice sur les 10 animaux.

30 6,000 : 100 = 60 cents × par 12 francs = 720 francs. La couverture coûte 720 francs.

31 275,000 francs — 228,000 = 47,000 francs de perte.

32 2,400 — 400 = 2,000 francs. 2,000 : 2 = 1,000 francs 1,000 + 400 = 1,400 francs. L'un coûte 1,000 francs, et l'autre 1,400 francs.

33 12,500 — 8,540 = 3,960 francs. J'ai donné 3,960 francs en argent.

34 $9^{fr},75$ × 290 jours = $2,827^{fr},50$ de gain. 175 × 12 mois = 2,100 francs de dépense. $2,827^{f},50$ — 2,100 francs = $727^{fr},50$ que cet ouvrier met de côté par an.

35 25,000 + 55,000 = 80,000 francs. Si je dois 125,000 francs et que j'aie donné 80,000 francs, je dois encore 125,000 francs — 80,000 = 45,000 francs.

36 50 personnes à 1,200 francs = 50 × 1,200 = 60,000 francs. 120 personnes à 15 francs = 1,800 francs par mois. 1,800 × 12 = 21,600 francs par an. 60,000 + 21,600 = 81,600 francs par an.

PAGE 5.

37 675 litres à $0^{fr},80$. 675 × 0,80 = 540 francs. 1,280 litres à $0^{fr},45$. 1,280 × 0,45 = 576 francs. 540 + 576 = 1,116 francs rapport des deux vignes.

38 25 × 3 = 75 × 6 = 450 élèves dans l'école.

39 1,525 francs + 650 = 2,175 que le cheval avait coûté.

2,175 + 500 = 2,675 francs qu'il faudrait le vendre pour gagner 500 francs dessus.

40 3,500 litres — 1,800 litres = 1,700 litres qui restent. 1,700 litres × 0,65 = 1,105 francs.

41 4,500 mètres à $6^{fr},75$ = 4,500 × 6,75 = 30,375 francs. 2,250 mètres × 6,75 = $15,187^{fr},50$.

S'il avait à recevoir 30,375 francs et qu'il ait reçu $15,187^{fr},50$, on lui doit encore $15,157^{fr},50$.

42 95,000 + 110,000 = 205,000 francs.

Si la maison coûte 275,000 francs et que les deux premières personnes aient déjà versé 205,000 francs, la troisième devra 275,000 — 205,000 = 70,000 francs.

43 2 v. à 450 = 900 francs ; 2 brebis à 60 = 120 francs. 900 + 120 + 900 + 500 = 2,420 francs.

Il avait 3,000 francs. 3,000 — 2,420 = 580 francs.

44 7,500 + 9,000 + 12,500 + 18,175 = 47,175 francs.

45 250 francs × 12 mois = 3,000 francs par an.

6,50 × 365 jours = $2,372^{fr},50$ dépense annuelle. 3,000 — $2,372^{f},50$ = $627^{fr},50$ d'économies.

Page 6.

46 4 ouvriers à 6 francs = 24 francs. 10 femmes à 4 francs = 40 francs. 10 enfants à 2 francs = 20 francs. 1 contre-maître à 10 francs. 10 + 20 + 40 + 24 = 94 francs par jour.

47 350 bout. × 0,75 = $262^{fr},50$. 120 litres × 2,25 = 270 francs. 60 litres × 2,75 = 165 francs. $262^{fr},50$ + 270 + 165 = $697^{fr},50$.

48 6 grosses à 8 francs. 6 × 8 = 48 francs. 1 grosse valant 12 douzaines, 6 grosses valent 6 fois plus ou 12 × 6 = 72 douzaines

Si une douzaine vaut $0^{fr},95$, 72 douzaines valent 72 fois plus ou 0,95 × 72 = $68^{fr},40$.

Si je vends $68^{fr},40$ ce qui me coûte 48 francs, je gagne 68,40 — 48 = $20^{fr},40$.

49 210 litres × 12 pièces = 2,520 litres × $0^{fr},80$ = 2,016 francs. 12 pièces à 120 francs. 12 × 120 = 1,440 francs.

Si le marchand vend 2,016 francs ce qui lui coûte 1,440 fr., il gagne 2,016 — 1,440 = 576 francs.

50 3 mètres à 16 francs. $16 \times 3 = 48$ francs. 6 mètres à 2 francs $= 12$ francs. $48 + 12 + 30$ francs de façon $= 90$ francs.

Si l'on vend le costume 130 francs, on gagne $130 - 90 = 40$ francs.

51

5	×	500 fr.	=	2500	$2500 + 1800 + 1600 + 600 =$ 6,500 francs par mois et pour l'année ou 12 mois 12 fois plus ou $6500 \times 12 = 78,000$ francs.
6	×	300	=	1800	
8	×	200	=	1600	
6	×	100	=	600	

52 Si 1 mètre coûte $1^{fr},60$ et qu'on le revende $1^{fr},80$, on gagne par mètre $1,80 - 1,60 - 0^{fr},20$.

Si 1 pièce contient 56 mètres, 3 pièces contiennent 3 fois plus ou $56 \times 3 = 168$ mètres, et si l'on gagne $0^{fr},20$ par mètre, sur 168 mètres on gagnera $168 \times 0,20 = 33^{fr},60$.

53 Si le pain qui coûte $0^{fr},38$ le kilog. est vendu $0^{fr},50$ on gagne $0,50 - 0,38 = 0^{fr},12$ par kilog. et 600 fois $0^{fr},12$ sur les 600 kilog. ou 600 kilog. $\times\ 0^{fr},12 = 72$ francs.

54 $1,70 - 1,40 = 0^{fr},30 \times 450 = 135$ francs.

Page 7.

55 $130 \times 6 = 780$ carreaux. $780 \times 1^{fr},25 = 975$ francs.

56 $22,000 : 100 = 220$ cents. $220 \times 25 = 5,500$ francs.

57 $9,000 : 100 = 90$ cents. $90 \times 12 = 1,080$ francs. 10 jours à $5^{fr},50 = 55$ francs de journées.

1,080 francs de tuile + 55 francs de journées $= 1,135$ francs.

58 $6,500 + 12,000 + 15,000 + 4,500 = 38,000$ francs par an.

59 $35,000 + 48,000 + 50,000 + 60,000 = 193,000$ francs.

60 $300 + 200 + 100 = 600$ francs par mois $\times\ 12 = 7,200$ francs par an. 450 francs de dépense $\times$ 12 mois $= 5,400$.

$7,200 - 5,400 = 1,800$ francs d'économies par an.

61 580 bottes $\times\ 0,65 = 377$ francs, 875 bottes $\times\ 0,75 = 656^{fr},25$ } $377 + 656^{fr},25 = 1,033^{fr},25$.

62 $36 \times 4 = 144$, $40 \times 6 = 240$, $50 \times 8 = 400$ } $144 + 240 + 400 = 784$ voyageurs.

63 500 pains $\times$ 15 voitures $= 7,500$ pains. $40,000 - 7,500 = 32,500$ pains.

PAGE 8.

64 20 francs — 15 = 5 francs de bénéfice par 100 kilog. 10,000 kilog. : 100 + 5 fr. = 500 francs de bénéfice.

65 25 × 2fr,25 = 56fr,25
15 × 2fr,60 = 39 fr.
12 × 3fr,25 = 39 fr. } 56,25 + 39 + 39 = 134fr,25.

66 550 fr. — 315 = 235 francs de perte par cheval. 235 × 108 = 25,380 francs de perte totale.

67 120,000 + 1200 + 10000 fr. = 131,200 francs de dépenses. La maison est revendue 150,000 — 131,200 = 18,800 francs de bénéfice.

68 30 kilom. × 18 h. = 540 kilomètres.

69 12 × 12 = 144 kilom. par jour. 144 × 6 = 864 kilomètres en 6 jours.

70 3fr,20 — 2fr,90 = 0fr,30 de gain par kilog., et sur 120 kilog. 120 fois plus ou 120 × 0fr,30 = 36 francs.

71 60 min. × 24 heures = 1,440 minutes × 30 jours = 43,200 minutes.

72 45 francs — 32 = 13 francs de bénéfice par couverture. 6 × 12 = 72 couvertures × 13 francs = 936 francs de bénéfice.

PAGE 9.

73 175 fr. × 12 = 2,100 francs × 30 jours = 63,000 francs.

74 6fr,50 × 15 jours = 97fr,50 — 40 = 37fr,50.

75 35,000 fr. — 7,200 = 27,800 francs, prix d'achat.

76 15 mèt. + 18 = 33 mètres par jour × 15 jours = 495 mètres.

77 32 kilom. × 30 = 960 kilomètres.

78 45 planches × 2fr,75 = 123fr,75 + 1fr,50 de clous = 125fr,25.

79 25 kilog. × 3fr,10 = 77fr,50 + 5,50 + 2,50 = 100fr,50 de dépense + 15 de bénéfice = 115fr,50.

80 65 fr. + 7 + 8 + 2 + 45 = 127 francs.

81 7fr,25 × 15 jours = 108fr,75 — 60 francs d'avances = 48fr,75 à recevoir.

PAGE 10.

82 32 kilom. × 32 jours = 1152 kilomètres.

83 36 kilom. — 32 = 4 kilom. × 15 jours = 60 kilom.

84 150,400 + 25,800 = 176,200 francs reçus en à-compte. 250,000 — 176,200 = 74,600 francs dus encore.

85 10^{fr},45 — 7,45 = 3^{fr},40 × 360 jours = 1,224 francs.

86 15 kilog. × 2^{fr},95 = 44^{fr},25.

87 148^{fr},75 — 125,46 = 23^{fr},30 × 360 jours = 5,388 francs par an.

88 48,500 fr. + 52,840 = 101,340 francs sont rendus. 150,000 fr. 101,340 = 48,660 francs à payer encore.

89 3^{fr},25 — 2,75 = 0^{fr},50 de bénéfice par mètre et sur 655 mètres 655 fois plus ou 655 × 0^{fr},50 = 327^{fr},50 de bénéfice total.

90 125 fr. × 12 mois = 1,500 francs.
8^{fr},75 × 360 jours = 3,150 francs.
3,150 fr. — 1,650 francs à mettre de côté.

Page 11.

91 35 mètres à 48^{fr},75 le mètre = 35 × 48,75 = 1706^{fr},25. 1706,25 + 3,200 fr. = 4,906^{fr},25.
18,000 fr. = 4906,25 = 13093^{fr},75 encore dus.

92 327 bouteilles de vin à 2^{fr},25 = 327 × 2,25 = 735^{fr},75. 735^{fr},75 + 1225 = 1,960^{fr},75.
7,885 francs — 1,960^{fr},75 = 5,924^{fr},25 encore dus.

93 275 litres × 56 sacs = 15,400 litres : 325 personnes = 47 litres de marrons par personnes.

94 60 mètres × 25 pièces = 1,500 mètres : 75 familles = 20 mètres par famille.

95 620 litres à 2^{fr},25 = 1,395 francs.
2 pièces × 56 mètres = 112 mètres × 3^{fr},75 = 420 francs.
1,395 — 420 = 975 francs de perte.

96 67459330 : 525 = quotient 128494 fr. Reste 515.

Page 12.

97 1,440 heures : 8 heures = 180 jours.

98 3,600 fr. : 360 jours = 10 francs par jour.

99 1,375,800 fr. : 815 personnes = 1,688 francs. Reste 80 francs.

100 365 jours × 5 fr. = 1,825 fr. + 8 fr. × 52 semaines = 416 francs. 1,825 + 416 = 2,241 francs.

101 35 fr. × 12 mois = 420 fr. — 200 fr. = 220 francs. Si elle met 220 fr. de côté en un an, en 15 ans elle mettra 15 fois plus ou 220 × 15 = 3,300 francs.

102 1,062 : 59 francs = 18 sacs.

PAGE 13.

103 1874 — 1492 = 382 ans.

104 1,259,780 : 25490 = 49fr,42 (reste 742).

105 12 paires × 5 douzaines = 60 paires de bas.
150 fr. : 60 paires = 2fr,50 la paire.

106 20 m. × 25 feuilles = 500 feuilles.
12 fr. : 500 feuilles = 0fr,022 millièmes la feuille.

107 2,600 fr. : 16fr,75 = 155 mètres (ajouter 00 à 2,600).

108 676fr,80 : 18fr,80 = 36 mètres.

PAGE 14.

109 36,000 fr. : 2 (pour prendre la moitié) = 18,000 francs.
18,000 fr. : 3 (pour prendre le tiers) = 6,000 francs.

110 50 lettres × 44 = 2,200 lettres × 690 pages = 1,518,000 lettres.

111 275 pages × 24 lignes = 6,600 lignes : 90 élèves = 73 lignes (reste 3).

112 1874 — 1643 = 231 ans.
1874 — 1589 = 285 ans. } 285 — 231 = 54 ans.

113 24 voyag. × 0fr,30 = 7fr,20 × 16 voyag. = 115fr,20 par jour.
115,20 × 30 jours = 3,456 francs par mois.
3,456 × 12 mois = 41,472 francs par an.

114 De 10 heures à midi = 2 heures + 4 heures = 6 heures par jour. 6 heures × 280 jours = 1,680 heures par an.

PAGE 15.

115 750 fr. × 2 locataires = 1,500 francs.
3,500 fr. — 1,500 fr. = 2,000 fr. : 4 = 500 francs pour chacun des quatre autres locataires.

116 75 ouvriers × 6 fr. = 450 francs par jour. 11,250 fr. : 450 francs = 25 jours.

117 12 × 8 = 96 mouchoirs.

105fr,60 : 96 = 1fr,10 le mouchoir.

118 1,400 : 50 = 28 wagons.

119 2,940 : 60 = 49 heures.

120 Si on dévide 5 écheveaux en 60 minutes, pour dévider un écheveau on mettra 5 fois moins ou 60 : 5 = 12 minutes. S'il faut 12 minutes pour 1 écheveau, on dévidera autant d'écheveaux qu'il y a de fois 12 minutes dans 2,880 minutes ou 2,880 : 12 = 240 écheveaux.

Page 16.

121 Si 3,600 mètres sont faits par 18 ouvriers, un seul ouvrier fera 18 fois moins ou 3,600 : 18 = 200 mètres. Si 1 ouvrier fait 200 mètres, 24 ouvriers feront 24 fois plus ou 200 × 24 = 4,800 mètres.

122 Si 300 élèves boivent 10,800 litres de vin, un seul élève boit 300 fois moins ou 10,800 : 300 = 36 litres par an et 450 élèves 450 fois plus ou 450 × 36 = 16,200 litres de vin.

123 Si 450 soldats font 900 mètres, 1 soldat fera 450 fois moins ou 900 : 450 = 2 mètres. Si un soldat fait 2 mètres, 1,800 soldats feront 1,800 fois plus ou 1,800 × 2 = 3,600 mètres.

124 Si 600 mètres sont faits en 15 jours, en 1 jour on fait 15 fois moins ou 600 : 15 = 40 mètres. Si on fait 40 mètres en 1 jour en 45 jours on fera 45 fois plus ou 40 × 45 = 1,800 mètres.

125 Si 384 kilom. sont faits en 12 heures, en 1 heure on fait 12 fois moins ou 384 : 12 = 32 kilomètres. Si on fait 32 kilom. à l'heure, en 18 heures on fera 18 fois plus ou 32 × 18 = 576 kilomètres.

126 Si 512 kilomètres sont faits en 16 heures, en 1 heure on fera 16 fois moins ou 512 : 16 = 32 kilomètres. Si 32 kilom. sont faits en 1 heure, pour faire 1,656 kilom. il faudra 32 fois moins de temps ou 1,656 : 32 = 48 heures.

Page 17.

127 384 pers. × 365 jours = 140,160 personnes par an et par omnibus. 140,160 × 600 omnibus = 84,096,000 personnes par an pour 600 voitures.

128 12 roul. à 1,25 = 15 fr.
1 — à 3,50 = 3fr,50 } 15 + 3,50 + 12 = 30fr,50
2 jours à 6 » = 12 fr.

129 64 — 20 = 44 billes : 2 = 22.
22 + 20 = 42 billes. Le 1er 22 billes, le 2e 42 billes.

130 S'il faut 36 voitures pour transporter 72,000 bottes de foin, 1 voiture transporte 36 fois moins ou 72,000 : 36 = 2,000 bottes de foin. Si une voiture transporte 2,000 bottes et qu'il y ait 108,000 bottes à transporter, il faudra autant de voitures que 2,000 bottes sont contenues dans 108,000 ou 108,000 : 2,000 = 54 voitures.

131 Si on reçoit 108 francs pour 18 jours, pour 1 jour on recevra 18 fois moins ou 108 : 18 = 6 francs. Si on reçoit 6 francs pour 1 jour, pour 80 jours on recevra 80 fois plus ou 80 × 6 = 480 francs.

132 Si 150 francs sont le prix de 25 journées, une journée vaudra 25 fois moins ou 150 : 5 = 6, et si l'on a 1,080 francs à recevoir, il y aura autant de jours qu'il y a de fois 6 francs dans 1,080 ou 1,080 : 6 = 180 jours.

Page 18.

133 458,275 francs : 9,548 = 47 francs (reste 9,519).

134 4,975,800 fr. : 125,748 familles = 39 francs (reste 71,628).

135 15 douz. × 1fr,30 = 19fr,50.
15 × 12 = 180 pêches × 0fr,20 = 36 francs.
36 fr. — 19fr,50 = 16fr,50 de bénéfice.

136 8 m. + 6 m. = 14 mètres par jour × 2 fr. = 28 francs.
28 fr. × 8 = 224 francs.

137 12 douzaines × 4 paniers = 48 douzaines d'œufs.
1fr,80 — 1fr,40 = 0fr,40 de bénéfice par douzaine.
48 × 0,40 = 19fr,20 de bénéfice total.

138 4,250 : 250 = 17 ans.

Page 19.

139 25,645 + 34,895 + 49,425 = 109,965 francs. S'il avait en caisse 135,840 francs et qu'il ait payé 109,965 francs, il lui reste 135,840 — 109,965 = 25,875 francs.

140 4,800 fr. : 360 jours = 13fr,33 par jour (reste 12).

141 180 fenêtres × 6 carreaux = 1,080 carreaux × $1^{fr},40$ = 1,512 francs.

142 11 rouleaux × $1^{fr},25$ = 13,75 + $4^{fr},50$ bordure = $18^{fr},25$.
11 rouleaux × 0,50 = 5,50 + 18,25 = $23^{fr},75$.

143 60 minutes × 24 heures = 1,440 × 365 = 525,600 × 4 ans = 2,102,400 minutes.
365 jours × 4 ans = 1,460 jours.
1,460 jours × 24 heures = 35,040 heures.

144 1,800 fr. : 360 jours = 5 francs par jour.

Page 20.

145 Lorsqu'on connaît le diviseur et le quotient d'une division, on n'a qu'à les multiplier l'un par l'autre pour trouver le dividende.
1245 × 325 = 404625 dividende.

146 Lorsqu'on connaît le dividende et le quotient d'une division, on en trouve le diviseur en divisant le dividende par le quotient.
159375 : 425 = 375 diviseur.

147 Si 1 mètre coûte $16^{fr},75$, 30 mètres coûteront 30 fois plus ou 16,75 × 30 = $502^{fr},50$.
1,575 fr. que je devais — 502,50 = $1,057^{fr},50$.

148 300 francs.

149 187376 : 392 = 478 comme diviseur.

150 222075 : 987 = 225 comme diviseur.

SIXIÈME CAHIER

Système métrique.

Le système MÉTRIQUE est l'ensemble des unités de mesures légales adoptées en France et qui ont pour base le *mètre*.

Le mètre est la quarante-millionième partie du méridien terrestre, c'est-à-dire du grand cercle qui entoure le globe en passant par les deux pôles et en coupant l'équateur.

Les six unités de mesures sont : le MÈTRE, l'ARE, le STÈRE ou MÈTRE CUBE, le LITRE, le GRAMME et le FRANC.

Les mots *déca*, *hecto*, *kilo*, *myria*, qui signifient dix, cent, mille, dix mille viennent de la langue grecque.

Les mots *déci*, *centi*, *milli*, qui signifient dixième, centième, millième, viennent de la langue latine.

Numération.

PAGE 1.

1	4,050	13	4,125
2	1,842	14	3,058
3	5,083	15	9,457
4	4,515	16	5,095
5	1,289	17	6,409
6	4.925	18	7,754
7	3,755	19	8,095
8	2,779	20	1,153
9	11,758	21	2,189
10	9,087	22	2,575
11	1,240	23	1,759
12	6,188	24	2,475

PAGE 2.

Nos figures représentent le mètre brisé, c'est-à-dire se pliant par décimètres, il est fort employé dans l'industrie parce qu'il peut ainsi se mettre aisément dans la poche ; on fait aussi des mètres en ruban et en cuir qui se roulent dans des boîtes de buis. Les mètres les plus usités sont en bois de chêne garni de cuivre à ses extrémités.

Il n'existe en réalité ni hectomètres, ni kilomètres, ni myriamètres, ces mesures qui servent à évaluer les distances, s'écrivent sur des bornes placées sur les routes.

25	4686^{m},125	29	1815^{m},145
26	12548 ,45	30	1958 ,18
27	95060 ,09	31	7923 ,004
28	45025 ,175	32	4995 ,018

33	68004m,015	37	97515m,095
34	60000 ,675	38	03499 ,35
35	14061 ,142	39	27518 ,43
36	07525 ,48	40	1486 ,648

Page 3.

Nous avons insisté sur les exercices de numération du système métrique afin d'habituer les élèves à écrire facilement les nombres. L'écriture des nombres est une des choses les plus nécessaires de l'arithmétique et celle pour laquelle les élèves éprouvent le plus de difficulté. L'élève devra donc écrire dans les colonnes préparées à cet effet les nombres donnés, les ordres manquants, dans les multiples, aussi bien que dans les sous-multiples, seront remplacés par des zéros.

41	55125m,025	53	12795m,06
42	70075 ,45	54	88024 ,25
43	375 ,425	55	23514 ,625
44	7444 ,75	56	6451 ,278
45	7300 ,128	57	77201 ,294
46	9758 ,075	58	9252 ,457
47	30675 ,25	59	70875 ,945
48	35039 ,675	60	67427 ,049
49	7550 ,125	61	27548 ,066
50	48250 ,75	62	99728 ,144
51	18597 ,005	63	9271 ,247
52	13459 ,227	64	95675 ,042

Page 4.

65	70975m,427	77	60927m,149
66	72849 ,96	78	1753 ,667
67	2457 ,547	79	8912 ,746
68	75648 ,925	80	21246 ,215
69	3475 ,495	81	14987 ,512
70	79549 ,125	82	41482 ,7
71	24708 ,575	83	55875 ,412
72	8754 ,857	84	9277 ,505
73	77792 ,872	85	21848 ,032
74	97487 ,5	86	70695 ,129
75	27551 ,77	87	1752 ,815
76	32750 ,225	88	2479 ,87

PAGE 5.

L'addition des mesures de longueur se fait, de la même manière que celle des nombres décimaux; on pose les nombres les uns sous les autres de manière à ce que les décamètres se trouvent sous les décamètres, les mètres sous les mètres, les décimètres sous les décimètres, etc. On sépare les mètres de ses sous-multiples par une virgule et au total on place une virgule au-dessous des virgules des nombres sur lesquels on opère.

89 $56^{m},75 + 78^{m},50 + 69^{m},83$ = 205 MÈTRES 10 CENTIM.
90 $32^{k},050 + 12,245 + 28,175$ = 72 KILOM. 470 MÈTRES.
91 $3^{m},25 + 4,15 + 3,95$ = 11 MÈTRES 35 CENTIM.
92 $12^{m},75 + 15,25 + 14,95$ = 42 MÈTRES 95 CENTIM.
93 $30500 + 25075 + 12725$ = 68300 MÈTRES.
94 $15,25 + 25,18 + 19,95$ = 60 MÈTRES 38 CENTIM.

PAGE 6.

Les observations que nous avons faites pour l'addition s'appliquent également à la soustraction des mesures de longueur.

95 $412875^{m},75 - 76795^{m},90$ = 336079 mètres 85 centim.
96 $92695,175 - 51872,227$ = 40822 kilom. 948 mètres.
97 $19795,75 - 15478,00$ = 4317 mètres 75 centim.
98 $732,125 - 628,275$ = 103 kilomètres 850 mètres.
99 $877500 - 670175 = 207325$ mètres.
100 $957800 - 150175 = 807625$ mètres.

PAGE 7.

Multiplication.

101 45125 mèt. × 27 jours = 1218 kilom. 375 mètres.
102 $6^{m},75$ × 35 jours = 236 mètres 25.
103 $0^{m},155$ × 320 marches = 49 mètres 600 mill.
104 32,175 mètres × 18 heures = 579 kilom. 150 mètres.
105 $2^{m},25$ × 48 planches = 108 mètres.
106 45 hectomètres × 28 cantonniers = 126 kilomètres
107 $68^{m},55$ × 1187 pièces calicot = 81368 mètres 85.

108 $18^m,75 \times 228$ pièces drap = 4275 mètres.
109 $0^m,219 \times 112$ marches = 24 mètres 528 millimètres.

PAGE 8.

Division.

110 16875 mètres : 75 mètres = 225 poteaux.
111 1100 mètres : 257 arbres = 4 mètres de distance.
112 1504 kilom. : 32 kilom. = 47 jours.
113 864 kilom. : 36 kilom. = 24 heures.
114 $506^m,25$: 75 pauvres = 6 francs 75.
115 $222^m,60$: 28 ouvriers = 7 mètres 95.
116 119988 mètres : 27 cantonniers = 4444 mètres.
117 $26^m,25 \times 5$ pièces = $131^m,25 : 8^m,75$ = 15 robes.

PAGE 9.

Mesures de superficie.

L'ARE est l'unité des mesures agraires, c'est un carré de 10 mètres de côté et de 100 mètres de superficie. Le nom d'ARE donné à cette unité des mesures vient du latin *area* qui signifie TERRE. L'are s'emploie pour mesurer les champs, les prairies, les forêts. Il n'a qu'un multiple qui est l'*hectare* ou carré de 100 mètres de côté de 100 × 100 = 10,000 mètres de superficie et un sous-multiple qui est le *centiare*, carré d'un mètre de superficie.

Pour la numération des mesures de superficie il faut deux chiffres pour représenter chacun des multiples et des sous-multiples.

1	708 ares	,04	11	45 ares	,75
2	928	,07	12	999	,99
3	1200	,18	13	404	,04
4	1507	,15	14	1824	,40
5	600	,18	15	905	,06
6	1700	,25	16	4918	,05
7	15	,09	17	2709	,12
8	1900	,18	18	1200	,18
9	507	,15	19	904	,07
10	809	,06	20	608	,09

21	12	,04	24	900	,16
22	2609	,00	25	18	,47
23	16	,14	26	1900	,25

PAGE 10.

Pour mesurer les terres de peu d'importance, on prend pour unité, au lieu de l'are, le MÈTRE CARRÉ dont les multiples et les sous-multiples prennent le même nom que ceux du mètre linéaire, on y ajoute seulement le mot *carré*, et à la numération il faut deux chiffres pour représenter chaque unité. Le DÉCAMÈTRE CARRÉ est un carré qui a 10 mètres de côté et 100 mètres de superficie ; il équivaut à l'*are*. L'*hectomètre carré* a 100 mètres de côté et 10,000 de superficie ; il équivaut à l'*hectare*.

Le décimètre carré est la centième partie du mètre carré, il en faut 100 pour faire 1 mètre. On peut s'en convaincre au moyen de notre figure : en la supposant d'un mètre de surface et les petits carrés de chacun 1 décimètre, on verra qu'il y a 10 carrés sur la longueur, 10 sur la largeur et 100 sur toute la surface. De même, il faut 100 centimètres carrés pour 1 décimètre carré et il y a $100 \times 100 = 10,000$ centimètres carrés dans 1 mètre carré.

On emploie plus souvent les sous-multiples du mètre carré que ses multiples.

27	250006^{m}	,0205	39	7509^{m}	,1807
28	4002512	,0015	40	29070918	
29	1805	,7506	41	920627	,0077
30	150409	,0018	42	17912	,7509
31	12001707	,07	43	98002709	,0275
32	1628	,1509	44	123700	.1507
33	91507	,19	45	37529	,9517
34	19750019	,0028	46	37050037	,0095
35	2787	,1808	47	2092718	,09
36	850609	,0075	48	4906	,2947
37	95050008	,25	49	58150508	
38	72508	,0017	50	4597907	,0006

PAGE 11.

Addition des mesures de surface.

Nous avons placé l'un au-dessous de l'autre les mots *hectomètre carré* et HECTARE, *décamètre carré* et ARE, *mètre carré* et

CENTIARE afin que l'élève se rende bien compte de la relation qui existe entre ces différents mots.

52 15279 ares ou décamètres carrés 30 centiares ou mètres carrés.

53 12141 mètres carrés 91 décimèt. carrés 68 cent. carrés.

54 13637 mèt. car. 66 d. car. 13 cent. car.

55 $2584^{ares},50 + 2127,12 + 23,549^{ares},00 = 28,260^{ares},62$ centiares.

56 137500 + 6,790,000 + 98,000,000 = 104,927,500 mèt. carrés.

57 47,8754 + 296,47 + 575000,60 = 57,844 mc. 35 dc. 54 cc.

58 $125^{ares},15 + 18^{ares},03 + 12^{ares},18 = 155$ ares 47 centiares.

59 $465^{mc},0000 + 10000^{mc},8500 + 70^{mc},0025 = 10,535$ mc. 85 dc. 25 c.

60 $4^{mc},0800 + 6^{mc},0085 + 9^{mc},0125 = 19^{mc},1010^{cc}$.

PAGE 12.

Soustraction des mesures de superficie.

61 $128^{h}45^{ares},78 - 9927^{ares},19 = 2,918$ ares 59 centiares.

62 $9^{?}753420^{mc},4805 - 27774825^{mc},7213$.

Reste $70978594^{mc},7213$.

63 $47500^{ares},95 - 9529^{ares},15 - 37971$ ares 80 centiares.

64 $78272540^{mc},0075 - 19390000^{mc},2775 = 58882539^{mc},7300$.

65 $52375029^{ares},73 - 91208^{ares},07 = 52283821^{ares},66$.

66 $9750000^{mc},1748 - 2990275^{mc},0000 = 6759725^{mc},1748$.

67 $35^{mc},0045 - 27^{mc},0075 = 7^{mc},9970$.

68 $40070,0025 - 12500,7500 = 27578^{mc},2525^{cc}$.

PAGE 13.

Multiplication des mesures de superficie.

69 $75^{mc},83 \times 4^{mc},25 = 322^{mc},2625^{cc}$.

70 $15^{ares},75 \times 7^{ares},98 = 125^{ares},685$.

71 $1815^{ares} \times 927$ ares = 1682505 ares.

72 *Réponse* : 20 m. carrés 2575 c. carrés.

Si un carreau a $0^{mc},0225$ de superficie, 927 carreaux auront une surface 927 fois plus grande ou $0,0225 \times 927 = 20,8575$.

73 *Réponse* : $40^{mc},7575^{cc}$.

Si une planche a $0^{mc},2975^{cc}$, 137 planches auront 137 fois plus ou $0,2975 \times 137 = 40^{mc},7575^{cc}$.

74 *Réponse* : $31^{mc},4055^{cc}$.

Si une tuile a $0^{m},0315^{cc}$, 197 tuiles auront 197 fois plus ou $0,0315 \times 197 = 31^{mc},4055^{cc}$.

75 *Réponse* : 1,613 ares 25 centiares.

Si en un jour on fait 59 ares 75 centiares, en 27 jours on fera 27 fois plus ou $59,75 \times 27 = 1613,25$.

76 *Réponse* : 13502 ares 70 centiares.

Si une coupe est de 9 hect. 0,018 centiares, un bois de 15 coupes sera 15 fois plus grand ou $900,18 \times 15 = 13502,70$.

77 *Réponse* : 407 ares 25 centiares.

Si un moissonneur coupe $27^{ares},15$ en 1 jour, en 15 jours il coupera 15 fois plus ou $27,15 \times 15 = 407^{ares},25$.

Page 14.

Manière de mesurer les carrés et les rectangles.

Un *carré* est une surface qui a quatre angles droits et dont les quatre côtés sont égaux.

Un *rectangle* est une surface qui a quatre angles droits, mais dont les côtés ne sont égaux que face à face.

On mesure un carré en multipliant par lui-même le nombre de mètres, décimètres ou centimètres contenus dans un de ses côtés.

On mesure un rectangle en multipliant la dimension de son grand côté par celle de son petit côté.

78 $27 \times 27 = 729$ mètres carrés.

79 $550 \times 550 = 302500$ mètres carrés.

80 $25^{m},45^{c} \times 25^{m},45 = 647$ mèt. carrés 7025 cent. carrés.

81 $125^{m} \times 78^{m} = 9750$ mèt. carrés de surface.

82 2515 mètres $\times 99^{m} = 248985$ mètres carrés.

83 $125^{ares},15 \times 49 = 6132$ ares 35 centiares.

Page 15.

Division des mesures de superficie.

84 *Réponse* : 28 lots.

Si chaque lot est de 95 ares 25 centiares, il y aura autant de lots dans une propriété de 2667 ares que 95 ares 25 est contenu dans 2667 ares ou 266700 (2 zéros pour les centiares) : 9,525 = 28.

85 *Réponse* : 17 jours.

43265 : 2545 = 17 jours.

86 *Réponse* : 420 carreaux.

Si un carreau a 162 centim. carrés de superficie, il y en aura autant dans une surface de 68040 centim. carrés que 162 est contenu de fois dans 68040 ou 68040 : 162 = 420.

87 *Réponse* : 4815 dalles.

876330 : 182 = 4815.

88 *Réponse* : 35 jours.

Si 1 ouvrier fait $15^{mc},85^{dc}$ en 1 jour, pour faire 55475 décim. carrés, il mettra autant de jours que 1585 sont contenus dans 55,475 ou 55475 : 1,585 = 35.

89 *Réponse* : 19 jours.

48925 : 2575 = 19.

90 *Réponse* : 200 entonnoirs.

Si on fait 1 entonnoir avec 14 déc. car. de zinc, dans 2800 déc. car. on en fera autant que 14 est contenu de fois dans 2800 ou 2800 : 14 = 200.

91 *Réponse* : 14 mètres en largeur.

252 mètres est le produit de la multiplication de la largeur d'un champ dont la longueur est de 18 mètres. Quand on connaît le produit d'un nombre et l'un de ses facteurs, on trouve l'autre facteur en divisant le produit par le facteur connu : 252 : 18 = 14. Preuve : 14 × 18 = 252.

PAGE 16.

Mesures de volume.

Le MÈTRE est l'unité des mesures linéaires ou à une seule dimension.

Le MÈTRE CARRÉ ou CENTIARE est l'unité des mesures de surface ou à 2 dimensions, *longueur* et *largeur*.

Le MÈTRE CUBE est l'unité des mesures de volume ou a 3 dimenmensions *longueur*, *largeur*, *hauteur* ou *profondeur*.

Le mètre cube n'a pas de multiples, on dira *cent mètres cubes* et non pas un hectomètre cube. Il a les mêmes sous-multiples que les mesures linéaires et les mesures carrées; mais de même qu'il faut un chiffre pour écrire les décimales linéaires, deux chiffres pour les décimales carrées, il en faut trois pour les décimales cubiques.

Le STÈRE, qui est l'unité des mesures de bois de chauffage, a le volume d'un *mètre cube*. Le stère se compose de deux montants ayant chacun 1 mètre de haut et placés à un mètre de distance sur une traverse. Ce sont les bûches de bois qui, taillées sur 1 mètre de long et entassées sur la traverse entre les deux montants, donnent la troisième dimension. Le stère n'a qu'un multiple, le DÉCASTÈRE, et qu'un sous-multiple, le *décistère;* il ne faut qu'un chiffre pour représenter les multiples et les sous-multiples du stère.

1	.... 25^{m},015,075	6	.... 12^{m},077,135
2	.... 85 ,000,375,028	7	.... 48 ,000,179,028
3	.... 19 ,047,000,175	8	.... 36 ,229,048
4	.... 92 ,000,028,009	9	.... 52 ,045,000,215
5	.... 9 ,370,025	10	.... 20 ,218,116

PAGE 17.

Addition des mesures de volume.

L'addition des mesures de chauffage se fait comme celle des nombres décimaux ordinaires. Quant à l'addition des mesures cubiques, il n'y a qu'à ne pas omettre de poser trois chiffres pour chaque décimale et de remplacer par des zéros celles qui manquent.

11 5,346000 + 3,025000 + 12,000054 = 20 mètres cubes, 371 décim. c. 054 cent. cub.

12 25,000075 + 75,150 + 125,000500 = 225 mèt. cub., 150,575 cent cubes.

13 4,000125 + 6,075 + 7,225 = 17 mèt. cubes, 300,125 cent. cubes.

14 1256,8 + 757,5 + 112,0 + 3750,0 = 5876 stères 3 décistères.

15 875,9 + 1957,8 + 9750,0 + 150,8 = 12734 stères 6 décistères.

16 28,5 + 215,6 + 920,6 + 850,8 = 2015 stères 5 décistères.

Page 18.

Soustraction.

17 5834,400 — 37[illegible],320 = 2049^{mc},080^{dc}.
18 15,124 — 13 [illegible]7 = 2 mètres cubes 1.7 déc. cubes.
19 876^{mc},025 — 5[illegible]9,045 = 286^{mc},980^{dc}.
20 2475,[illegible] — 1[illegible],125 = 122[illegible]^{mc},923^{dc}.
21 19[illegible]75st,0 — 1676[illegible],9 = 3291[illegible] stères 1 décistère.
22 1764[illegible]st,[illegible] — 9,675,7 = 7,970 stères 2 décistères.

Page 19.

Multiplication des mesures de volume.

Pour avoir le cube d'un nombre, il faut multiplier la *longueur* par la *largeur* et le produit de ces deux nombres par la *hauteur*.

23 14^{mc},875 × 9 lots = 133^{mc},875^{dc}.
24 2 × 7 jours = 14 mètres cubes de pierre.
25 3^{mc},075 × [illegible] heures = 24^{mc},600 décim. cubes.
26 8^{m} × 7^{m} = 56^{m} × 6 = 336 mètres cubes.
27 28 × 15 = [illegible]20 × 9 = 3780 mètres cubes.
28 1,10 × 2 = 2,[illegible]0 × 0,90 = 1^{mc},980^{dc}.
29 25st,8 × 27 jours = 696 stères 6 décistères.
30 0,2 × 248 jours = 49 stères 6 décistères.
31 2,4 × 28 jours = 67 stères 2 décistères.

Page 20.

Division des mesures de volume.

32 225,825 :
33 2,548 : 32 = 0^{mc},079 décimètres cubes.
34 4,275 : 171 = 25 madriers.
35 2,040000 : 1360 = 1500 briques.
36 337,5 : 225 jours = 1 stère 5 décistères.
37 1800 : 144 jours = 12 stères 5 décistères.
38 1800 : 250 arbres = 720 décistères.
39 3728 décistères : 124 familles = 30 décistères par famille.

SEPTIÈME CAHIER

Le septième cahier est la continuation du système métrique, il traite d'abord des MESURES DE CAPACITÉ.

Les mesures de capacité ont le LITRE pour unité, le litre équivaut comme contenance à un *décimètre cube*.

Le litre est de forme cylindrique ; ses multiples sont : le *décalitre* qui vaut 10 litres, l'*hectolitre* qui vaut 100 litres, le *kilolitre* qui vaut 1,000 litres.

Les sous-multiples sont le *décilitre*, le *centilitre* et le *millilitre*.

PAGE 2.

1	4125^{lit},65	14	8276^{lit},75
2	4861 ,28	15	3795 ,17
3	9047 ,5[illegible]	16	1777 ,40
4	7405 ,25	17	1291 ,85
5	1489 ,27	18	2259 ,75
6	9539 ,48	19	3429 ,12
7	1278 ,46	20	5279 ,49
8	6497 ,03	21	3872
9	2845 ,84	22	7958 ,75
10	9085 ,18	23	9427 ,77
11	252 ,49	24	9572 ,95
12	2746 ,47	25	7875 ,04
13	1945 ,75		

PAGE 3.

Addition des mesures de capacité.

Le professeur veillera à ce que les élèves placent bien leurs nombres de manière que les litres soient sous les litres, etc.

26 15025 + 4840 + 37529 + 285 = 57679 litres.

27 2700 + 4748 + 1549 + 2905 = 119 hectolitres 02 litres.

28 47500 + 3780 + 9075 + 12000 = 72355 litres.

29 275,25 + 310,20 + 75,15 + 4500,00 = 5160^{lit},60^{c}.

30 750,26 + 280,15 + 4801,75 + 2478,25 = 8310^{l},41^{c}.

31 375000 + 128490 + 48757 + 5412,75 = 557659 litres 75 centilitres.

Page 4.

Il est plus commode pour l'élève de remplacer les ordres manquants par des zéros, cela lui facilite la pose des opérations.

32 4375,00 — 2548,75 = 1826^{l},25^{c} à recevoir.

33 24750,00 — 9475,95 = 15274 litres, 05 centilitres.

34 16975,00 — 9748,25 = 7226^{lit},75^{c} en cuve.

35 369500 — 41784 = 327716 litres d'eau.

36 64500 — 9475 = 55025 décalitres.

37 8450 — 4975 = 3475 décalitres.

38 92000,08 — 6748,75 = 85251^{lit},33.

39 17500,00 — 8072,25 = 9427 litres 75 centilitres.

Page 5.

40 Si 1 élève consomme 0^{lit},2 par jour, 450 élèves consommeront 450 fois plus ou 0,2 × 450 = 90 litres par jour.

41 Si 1 are donne 20 décalitres 4 décilitres de blé, 146 ares 50 centiares donneront 146 fois plus ou 146,50 × 200^{lit},4 = 29358^{lit},60.

42 Si on use par jour, 3,5 de pétrole, en 248 jours on usera 248 fois plus ou 3,5 × 248 = 868 litres de pétrole.

43 Si 1 pièce contient 220 litres, 148 pièces contiendront 148 fois plus ou 220 × 148 = 32560 litres.

44 Si 1 sac contient 118 litres, 315 sacs contiendront 315 fois plus ou 118 × 315 = 37170 litres.

45 Si 1 vache fournit 8^{lit},45 par jour, en 365 jours, elle fournira 365 fois plus ou 8,45 × 365 jours = 3084,25.

46 Si 1 fontaine donne 12^{lit},75 en 1 heure, en 227 heures elle donnera 227 fois plus ou 12,75 × 227 = 2894^{lit},25.

47 Si 1 lampe brûle 0,35 d'huile en 1 soirée, en 249 soirées elle brûlera 249 fois plus ou 0,35 × 249 = 87^{lit},75.

48 Si 1 seau contient 9^{lit},75, 329 seaux contiendront 329 fois plus ou 9,75 × 329 = 3207^{lit},75.

Page 6.

Division des mesures de capacité.

49 371^{lit},70 : 315 = 1^{lit},18 par famille.

50 868 litres : 365 jours = 2^{lit},37 (reste 295).

51 $2771^{lit},60$: 328 jours = $8^{lit},45$ par jour.
52 4563 litres : $9^{lit},75$ = 468 seaux.
53 $15^{lit},75$: 248 jours = $0^{lit},06$ par jour.
54 1277,50 : 365 jours = $3^{lit},50$ de bière par jour.
55 333306 litres : 165 personnes = 2020 litres par personne.
56 3041,75 : 317 heures = $9^{lit},59$ par heure.

PAGE 7.

Mesures de poids.

Pour peser les objets on se sert d'un instrument nommé *balance*. La balance est munie de deux plateaux ; dans l'un d'eux on met l'objet que l'on veut peser et dans l'autre des poids jusqu'à ce que l'équilibre se fasse entre les deux plateaux. On compte alors la quantité de poids contenus dans le plateau et cette quantité indique le poids de l'objet pesé.

Le GRAMME est l'unité des mesures de poids ; il équivaut au poids d'un *centimètre cube* d'eau distillée. Les multiples et les sous-multiples du gramme sont semblables à ceux du mètre.

Le KILOGRAMME qui vaut 1,000 grammes est l'unité usuelle des mesures de poids, le gramme ne sert qu'à peser les objets d'un très-petit volume.

Le KILOGRAMME équivaut au poids d'un décimètre cube d'eau, il équivaut aussi au litre. Un litre d'eau pure pèse 1 kilogramme.

PAGE 8.

Numération des mesures de poids.

Un seul chiffre suffit pour chacun des multiples et des sous-multiples.

1	$35050^{gr},450$	10	$17027^{gr},286$
2	75086 ,8	11	8375 ,12
3	9256 ,28	12	7948 ,125
4	42400 ,06	13	52506 ,50
5	18025 ,75	14	4312 ,504
6	8517 ,509	15	4722 ,875
7	3767 ,177	16	58128 ,212
8	70968 ,00	17	97507 ,17
9	20481 ,75	18	3525 ,119

19	.... 67911^{gr},804	22	.... 28456 ,028
21	.... 1219 ,79	23	.... 4742 ,127
20	.... 39280 ,06	24	.... 3870 ,179

PAGE 9.

Addition des mesures de poids.

26 75000^{gr} + 32500 + 18750 + 14750 = 141^{kil},000 gramme.

27 750000^{gr} + 28175^{gr} + 70180 + 75028 = 923^{kil},383 grammes.

28 14000^{gr} + 4800 + 2480 + 5750 = 270^{kil},300 grammes.

29 75125^{gr} + 91750 + 94700 + 248000 + 76480 + 97500 = 683^{kil},555 grammes.

30 375000 + 471800 + 16450 + 57420 + 48750 + 175825 = = 1145^{kil},245 grammes.

31 475 + 7450 + 674800 + 86742 + 97580 + 75748 = 942^{kil},795 grammes.

PAGE 10.

Soustraction des mesures de poids.

32 1457^{kil},825 — 1275^{kil},920 = 181^{kil},905 grammes.

33 720^{kil},800 — 362148 = 358^{kil},652 grammes.

34 775^{kil},000 — 13450 = 761^{kil},550 grammes.

35 9595^{kil} — 3592^{kil} = 6003 kilog.

36 1250^{kil},000 — 1100^{kil},575 = 149^{kil},425 grammes.

37 748^{kil},000 — 675^{kil},425 = 72^{kil},575 grammes.

38 907^{gr},030 — 750^{gr},025 = 157^{gr},005 milligrammes.

39 3145 décag. — 455 décag. = 26^{kil},90 décagrammes.

PAGE 11.

Multiplication des mesures de poids.

40 12^{kil},125 × 2^{fr},45 = 29^{fr},70625 c. millièmes.

41 28^{kil},75 × 5^{fr},45 = 156^{fr},6875 dix millièmes.

42 36^{kil},148 × 1^{fr},55 = 56^{fr},0294 dix millièmes.

43 17^{kil},172 × 4^{fr},28 = 73^{fr},49616 c. millièmes.

44 16^{kil},175 × 275 caisses = 4448^{kil},125 grammes.

45 175^{kil},48 × 2^{fr},95 = 517^{fr},6660 dix millièmes.

46 18^{kil},750 × 1^{fr},25 = 23^{fr},43750 c. millièmes

47 12^{gr},675 × 1^{fr},25 = 15^{fr},84375 c. millièmes.

48 27^{kil},347 × 4^{fr},15 = 113^{fr},49005 c. millièmes.

PAGE 12.

Division des mesures de poids.

60fr,25 : 14kil,175 = 4fr,25. Reste 1625.

50 200fr,75 : 125kil,45 = 1fr,60.

51 113fr,520 : 27347gr = 4fr,15. Reste 2995.

52 4448kil,125 : 275 caisses = 16kil,175 grammes.

53 225720 kilog. : 18 wagons = 12540 kilog. chaque wagon.

54 495kil,044 : 27 caisses = 18kil,372 grammes.

55 675kil,125 : 125 personnes = 5kil,401 grammes de sucre.

56 748kil,200 : 225 sacs = 3kil,325 grammes par sac. Reste 075.

PAGE 13.

Mesures monétaires.

Le maître devra faire apprendre par cœur aux élèves le tableau des monnaies qui contient le poids, la valeur et le diamètre des différentes monnaies d'or, d'argent et de bronze.

Le poids des pièces est surtout important à connaître, puisqu'à l'aide de la monnaie on peut remplacer les poids.

PAGE 14.

Problèmes sur les mesures monétaires.

1 Si 1 franc pèse 5 grammes, 6500 francs pèseront 6500 fois plus ou 6500 × 5 = 32kil,500 grammes.

2 Une somme de 9500 francs en argent pèserait 9500 × 5 gr. = 47500 grammes. La valeur de l'or étant 15,50 fois plus grande que celle de l'argent, il faut 15,5 fois moins d'or pour faire la même somme, ou 47500,0 : 15,5 = 3064 grammes 51 centigrammes.

3 6500fr × 5gr = 32kil,500. Si une somme d'argent de 6500 fr. pèse 32kil,500 gr., le bronze valant 20 fois moins, il en faudra 20 fois plus que d'argent pour faire la même somme ou 32kil,500 × 20 = 650 kilogr.

4 600 fr. + 40 fr. + 15 fr. = 655 francs.
Si 1 franc pèse 5 grammes, 655 francs pèsent 655 fois plus ou 655 × 5 = 3kil,275 grammes.

5 1000 fr. : 20 = 50 pièces d'or de 20 francs.
500 fr. : 10 50 pièces » de 10 »
100 fr. : 5 50 » » de 5 »
50 + 50 + 50 = 150 pièces.

1000 fr. + 500 + 100 fr. = 1600 fr. × 5 gr. — 8000 grammes si la somme était en argent et 15,5 fois moins en or ou 8000,0 : 15,5 = 516 grammes.

6 25 pièces × 20 francs = 500 francs.
15 » × 10 » = 150 »
50 » × 5 » = 250 »
40 » × 2 » = 80 »
500 + 150 + 250 + 80 = 980 francs somme payée.
9 pièces × 5 fr. = 45 francs.
12 pièces × 2 fr. = 24 francs.
45 fr. + 24 fr. = 69 francs, somme qui reste.

7 25 pièces × 25 grammes, poids d'une pièce de 5 francs = 625 grammes.

8 4 pièces × 20 francs = 80 francs.
35 « × 5 » = 175 »
28 « × 2 » = 56 »
80 + 175 + 56 = 311 francs.

9 1000 fr. × 5 grammes = 5000 grammes en argent
5000,0 : 15,5322 grammes en or.

PAGE 15.

10 Si une pièce de 5 francs pèse 25 grammes, il y aura autant de pièces que 25 est contenu de fois dans 4325 grammes ou 4325 : 25 = 173 pièces de 5 francs.

11 La pièce d'or de 20 francs pesant 6 grammes 4516, il y aura autant de pièces que 6,4516 sont contenus de fois dans 2648gr,0000 ou 2648000 : 64516 = 410 pièces.

12 1 pièce de bronze de 10 centimes pèse 10 grammes. Il y aura autant de pièces de 10 centimes que 10 sont contenus de fois dans 9650 grammes ou 9650 : 10 = 965 pièces de 10 centimes.

13 1 pièce de 1 franc pèse 5 grammes. Il y aura autant de francs que 5 grammes sont contenus dans 6125 grammes ou 6125 : 5 = 1221 francs.

14 4kil,500 grammes : 5 grammes poids d'une pièce de 1 franc en argent = 900 francs.

Si ce poids représente 900 francs en argent, l'or valant 15,5 fois plus que l'argent vaudra 15,5 plus ou 900 fr. × 15,5 = 13,950 fr.

15 Si une pièce de 10 centimes en bronze pèse 10 grammes il

y aura autant de pièces que 10 grammes sont contenus dans 8460 ou 8460 : 10 = 846. Si 1 pièce de bronze vaut $0^{fr},10$, 846 pièces vaudront 846 fois plus ou 846 × 0,10 = $84^{fr},60$.

16 3000 grammes : 5 grammes, poids d'une pièce de 1 fr. = 600 francs. Si l'on fait 600 francs l'or valant 15,5 fois plus, 600 × 15,5 = 9300 francs en *or*.

17 3000 gr. : 5 grammes = 600 francs en *argent*.

18 3000 gr. : 10 grammes = 300 pièces × $0^{fr},10$ = 30 francs en *bronze*.

Page 16.

19 Si 1 litre coûte $0^{fr},75$, 288 litres coûteront 288 fois plus ou 288 × 0,75 = 216 francs.

20 50 m. × 25 m. = 1250 mètres carrés. 1250 m.c. × $4^{fr},50$ = 5625 francs.

21 16 m. × 6 m. = 96 m.c. × 4 = 384 mètres cubes ou 384000 décimètres cubes ou litres, le litre équivalant à 1 décim. cube.

22 550 m. × 225 m. = 123750 mètres carrés ou centiares et 1237 ares, 50 centiares.

23 $24^{m},75$ × 6 pièces = $148^{m},50$.
$148^{m},50$ × $24^{fr},75$ = $3675^{fr},375$.

24 $89^{kil},125$ × $0^{fr},45$ × 40 francs 10625 c. millièmes.

Page 17.

25 $115^{fr},000$: 256 décistères = $4^{fr},49$ (reste 56).

26 4590 francs : 1020 mètres = $4^{fr},50$ le mètre carré.

27 6 m. × 5 = 30 m. c. × 7 = 210 mètres cubes ou 210000 décimètres cubes.

Le décimètre équivalant à 1 litre, 1 hectolitre sera 100 fois moins ou

210000 : 100 = 2100 hectolitres.

28 8 × 8 = 64 × 8 = 512 mètres cubes ou 512000 d. cubes
512000 litres : 100 = 5120 hectolitres.

29 30 pièces × 20 francs = 600 francs.
15 » × 10 » = 150 »
25 » × 5 » = 125 »
6 billets × 50 » 300 »
600 + 150 + 125 + 300 = 1175 francs.

30 8575 : 5 grammes = 1715 francs.

PAGE 18.

31 $32^{st},9 \times 25$ francs $= 82^{fr},25$.

32 $48^{m},75 \times 3^{fr},95 =$ 192 francs 5625 dix mil.

33 1 décimètre cube équivaut à 1 kilogramme, 6375000175 millimètres cubes valent 6375 kilogrammes 000,175 milligrammes.

34 $100 \times 100 = 10000$ mètres carrés.

35 $4850^{mc} \times 5^{fr},50 = 26,675$ francs.

36 $7^{kil},675 \times 6$ heures $= 46$ kilom. 050 mètres.

37 28,15,17 — 152948 = 128569 centiares.

38 450000 — 2854,75 $= 1645^{fr},25$.

PAGE 19.

39 148540 décamètres : $40^{kil},00$ (ajouter deux zéros pour convertir en décamètres) = 37 jours. Reste 54.

40 38,145 d. cubes = 38145 litres.

38145 : 220 = 173 tonneaux. Reste 85 litres.

41 275 m. $\times$ 127 m. = 34925 mètres carrés ou centiares : 100 = 349 ares 25 centiares : 100 = 3 hectares 49 ares, 25 centiares.

42 16 m. $\times 7 = 112$ m. c. $\times 4 = 448$ m. cubes ou 448000 d. cubes ou litres. 448000 : 100 = 4480 hectolitres.

43 $10^{m},45 + 8^{m},75 = 19^{m},20$ à elles deux en 1 jour et en 15 jours 15 fois plus, ou $19,20 \times 15 = 288$ mètres.

44 $4 \times 4 = 16 \times 4 = 64$ m. cub. $\times$ 125 fr. = 9500 francs.

PAGE 20.

45 1800 fr. $\times$ 5 grammes $= 9^{kil},000$ grammes ARGENT. 10 centimes en bronze pèsent 10 grammes. 1 franc pèse 10 fois plus ou $10 \times 10 = 100$ grammes, et 1800 fr. 1800 fois plus ou 1800 $\times 100 = 180^{kil},000$ BRONZE. Si la somme pèse 9000 en argent, en or elle pèsera 15,5 fois moins ou 900,0 : 15,5 = 580 gr. en OR.

46 4175 gr. : 5 gr. = 835 francs.

835 fr. : 5 francs = 167 pièces de 5 francs.

47 6025 : 5 = 1205 pièces de 1 franc.

48 6025 : 25 = 241 pièces de 5 francs.

6825 : 10 = 602 pièces de 2 francs.

49 16 gr. 1290 : 64516 = 2 pièces de 20 francs et 1 pièce de 10 francs.

50 516128 : 16129 = 32 pièces de 50 francs.

HUITIÈME CAHIER

Problèmes de récapitulation générale.

PAGE 1.

1 Si le voyageur fait 150 kilom. par jour, en 35 jours il fera 35 fois plus ou 150 × 35 = 5250 kilomètres.

2 S'il gagne 7,85 par jour, en 285 jours il gagnera 285 fois plus ou 7,85 × 285 = 2237^{fr},25. S'il dépense 5^{fr},25 par jour, dans l'année ou 365 jours, il dépensera 365 fois plus ou 5,25 × 365 = 1916^{fr},25.

S'il gagne 2237^{fr},25 et qu'il dépense 1916 francs, il met de côté 2237,25 — 1916,25 = 321 francs.

3 6,758,000 : 425 = 15901 francs. Reste 75.

4 45,125 × 1,55 = 69 fr., 94375.

5 4^{m},75 × 1^{fr},25 = 5^{fr},9375 par jour. 5,9375 × 360 jours 2137^{fr},50 par an.

6 Si 1 kilog. coûte 4^{fr},75 et qu'on le vende 6^{fr},40, on gagne 6,40 — 4,75 = 1^{fr},65 par kilog. et sur 1287^{kil},395 grammes 1287,395 fois plus ou 1287,395 × 1^{fr},65 = 2124^{fr},20 centimes.

PAGE 2.

7 8953,752 : 143252 = 62^{kil},503 gr. (reste 82214).

8 1^{fr}.60 — 1^{fr},35 = 0^{fr},25 de bénéfice par kilog. 4175^{kil},275 × 0^{fr},25 = 1043^{fr},81 centimes.

9 67885^{fr},75 d'achat + 12805 f. d'amélioration = 80685^{fr},75.
150000,00 — 80685,75 = 69314^{fr},25.

10 3^{m},85 × 0^{fr},75 | 2^{fr},8875 par jour pour chaque personne 2,8875 × 3 personnes = 8^{fr},6625 par jour.
8,6625 × 360 jours = 3118^{fr},50 par an pour elles trois.
3118,50 : 3 = 1039^{fr},16 par an et par personne.

11 275^{m},85 × 8^{fr},75 = 2413^{fr},6875.
4 p. de vin × 215 fr. = 860 francs.
2413 fr. 6875 — 860 = 1553 fr. 6875.

12 4585 mètres $\times$ 15^{fr},15 $=$ 5272^{fr},75 par mois 12 m. $\times$ 9 ans $=$ 108 mois.

5272^{fr},75 $\times$ 108 mois $=$ 569,457 francs pour 9 ans.

Page 4.

13 14250 fr. : 120 fr. $=$ 118 mois : 12 m. $=$ 9 ans 10 mois.

14 6000 fr. : 25 $=$ 240 fois $\times$ 200 fr. $=$ 48000 francs. Il faut qu'il gagne 48000 francs.

15 21^{fr},70.

16 1250 m. $\times$ 375 $=$ 468,750 mètres carrés : 25 héritiers $=$ 18750 mètres carrés chacun.

17 580 m. $\times$ 175 m. $=$ 101500 mètres carrés ou centiares. 101500 : 100 $=$ 1015 ares $\times$ 425 fr. $=$ 431,375 francs.

18 160 m. $\times$ 15 $=$ 1400 $\times$ 10 $=$ 14000 mètres cubes ou 14000,000 décimètres ou litres 14000,000 ; 100 $=$ 140,000 hectolitres.

19 28 fr. — 22 fr. $=$ 6 fr. de bénéfice par stère. 285 stères $\times$ 6 $=$ 1710 francs de bénéfice total.

20 1 m. $\times$ 1,50 $=$ 1,50 $\times$ 3 $=$ 4^{mc},500^{dc}.

1 décimètre cube d'eau pèse 1 kilogramme ; 4500 pèsent 4500 fois plus ou 4500 kilogrammes.

21 800 $+$ 200 $+$ 150 $+$ 1150 francs $\times$ 5 grammes $=$ 5750 grammes.

22 12 h. $\times$ 6^{fr},75 $=$ 81 francs $\times$ 6 jours $=$ 486 francs.

25 $\times$ 1,50 $=$ 37^{fr},50 $\times$ 6 $=$ 225 francs. 486 fr. $+$ 225 fr. $=$ 711 francs par semaine.

23 375 lit. $\times$ 0,55 $=$ 206^{fr},25.

375 litres de vin $\times$ 50 lit. eau $=$ 425 lit. $\times$ 0,60 $=$ 255 francs.

255 fr. — 206,25 $=$ 48^{fr},75 de bénéfice.

24 8 bot. $\times$ 7 jours $=$ 56 bottes $\times$ 0,80 $=$ 44^{fr},80 : 15 chevaux $=$ 2^{fr},98 par cheval.

Page 5.

25 28 mèt. cubes $=$ 28,000 décimètres cubes. 28,000 $\times$ 0^{fr},60 $=$ 16,800 francs.

26 32^{mc},250 $\times$ 18 heures $=$ 580^{mc},500.

9574870 fr. : 927 personnes $=$ 10328 francs. Reste 814.

28 Si le mille coûte 35 fr. 1 brique coûte 1000 fois moins ou 35 : 1000 $=$ 0^{fr},035 la tuile et 18,570 tuiles 18570 fois plus ou

18570 × 0,035 = $649^{fr},95$.

29 1250 litres × $0^{fr},80$ = 1,000 francs.
500 litres × 0,75 = 375 francs.
1250 litres — 500 litres = 750 litres × 0,90 = 675 francs.
675 fr. + 375 fr. = 1050 fr. — 1,000 = 50 francs de bénéfice.

30 11260 fr. : 2815 centiares = 4 fr. le centiare, l'are 100 fois plus ou 4 × 100 = 400 francs. L'hectare 100 fois plus ou 400 × 100 = 40,000 francs.

Page 6.

31 $0^{mc},000^{dc},037^{cc}$ × 2000 fr. = $0^{fr},074$.

32 28,07 × $0^{fr},04$ = $112^{fr},28$.

33 2064640 : $6^{c},4516$ (poids d'une pièce de 20 fr. en or) = 32 pièces × 20 francs = 640 francs.

34 6200 fr. : 5 fr. = 1240 pièces × 25 grammes = 31 kilogrammes.

35 125 m. × 56 m. = 7000 mètres carrés ou centiares. 7000 : 100 = 70 ares × 510 fr. = 35700 francs.

36 0,9 × 0,6 = 0,54 × 0,7 = 0,378 décim. cubes ou 378 litres d'eau.

Page 7.

37 4 pièces × 25 gr. = 100 grammes.
6 pièces × 10 gr. = 60 —
12 pièces × 2,5 = 30 —
100 + 60 + 30 = 190 grammes ou centimètres cubes d'eau.

38 1200 fr. × 5 grammes = 6,000 gr. en argent, en or 15,5 fois moins ou 6000 : 15,5 = 387 grammes.

39 375 litres × $0^{fr},60$ = 225 francs.
200 litres × $0^{fr},40$ = 80 francs.
225 fr. + 80 = 305 francs.
375 fr. + 200 fr. = 575 litres.
305 fr. : 575 litres = $0^{fr},53$.

40 L'alliage étant 1 dixième de la valeur des monnaies, le lingot ne représente que 9 dixièmes. 360 hectog. ou 36000 grammes étant 9 dixièmes, 1 dixième est 9 fois moins ou 36000 : 9 = 4000 gr et 10 dixièmes 10 fois plus ou 4000 × 10 = 40000 gr. : 5 gr. = 8000 francs.

41 220 m. × 140 m. = 30800 mètres carrés ou centiares ou 30800 : 100 = 308 ares × 500 = 154000 francs.

42 9540^{k},000 × 40 mètres = 381600000 m. c. ou centiares : 10000 = 38160 hectares.

PAGE 8.

43 68 billes — 12 = 56 : 2 = 28 billes.
28 + 12 = 40 billes.
40 billes dans l'une et 28 dans l'autre.

44 18 kilom. × 6 heures = 108 kilomètres
21 — 18 = 3 kilom. d'avance par heure.
108 : 3 = 36 heures.

45 476^{fr},25 — 445 = 31^{fr},25 : 25 litres = 1^{fr},25.
445 fr. : 1,25 = 356 litres pour l'une.
356 + 25 = 381 litres pour la seconde barrique.

46 9 kilom. × 8 heures = 72 kilomètres.
11 — × 8 — = 88 kilom. — 72 = 16 kilomètres.

47 1,873125 : 69 pauvres = 27 kil. 175 grammes par pauvre; reste 50.

48 15^{kil},175 × 275 jours = 4173 kilog. 125 grammes.

PAGE 9.

49 50 kilom. — 45 = 5 d'avance par jour.
45 kilom. × 3 jours = 135 kilom. Si le voyageur a 135 kilom. d'avance au moment où l'autre qui en fait 5 kilom. de plus par jour, celui-ci mettra autant de jours à le rattraper que 5 est contenu de fois dans 135 ou 135 : 5 = 27 jours.
27 jours × 50 kilom. = 1,350 kilomètres.
27 jours + 3 = 30 jours × 45 kilom. = 1350 kilomètres.

50 16 kilom. + 12 = 28 kilom. par jour à eux deux, 420 kilom. : 28 = 15 jours au bout desquels ils se rencontreront.
Le 1er aura fait 15 × 16 = 240 kilomètres.
Le 2e — 15 × 12 = 180 —

51 125 pains + 250 = 375 pains × 20 fr. = 7500 francs.
125 pains × 15^{fr},75 = 1968^{fr},75.
250 pains × 18,80 = 4700 fr. + 1968^{fr},75 = 6668,75.
7500 fr. de vente — 6668^{fr},75 d'achat = 831^{fr},25 de bénéfice.

52 50 m. × 1,25 = 62^{fr},50.
12 m. × 0,75 = 9 fr.
9 m. × 0,50 = 4^{fr},50.
6 m. × 8 = 48 fr.
62,50 + 9 + 4,50 + 48 + 3 = 127 francs pour les six robes.
127 : 6 = 21 francs la robe.

53 18500 fr. — 7,895 fr. = 10605 francs déjà versés.

54 138000 fr. d'achat + 42000 réparations = 180000 fr.
200000 fr. — 180000 fr. = 20000 fr. de bénéfice.

Page 10.

55 1260 : 12 = 105 douzaines × 1^{fr},40 = 147 francs.

56 0^{m},15 × 68 marches = 10^{m},20.

57 480 décalitres × 0,50 = 240 francs. Achat.
4800 litres × 0^{fr},10 = 480 francs vente — 240 = 240 francs de bénéfice.

58 12 × 55 kilog. = 660 kilog. × 4^{fr},15 = 2739 francs.
660 kilog. × 6 fr. = 3960 fr. — 2739 fr. = 1221 francs de bénéfice.

59 28 fr. : 100 = 0^{fr},28 × 95 fagots = 54^{fr},60.

60 65 fr. : 100 litres = 0^{fr},65 × 375 litres = 243^{fr},75.

Page 11.

61 185 lit. × 0^{fr},25 = 46^{fr},25 par jour.
3 mois × 30 jours = 90 jours × 46,25 = 4162^{fr},50.

62 25 kilom. × 45 jours = 1125 kilomètres.

63 1458325 gr. de pain : 2,845 pauvres = 512 grammes. Reste 1,685.

64 2^{fr},10 — 1^{fr},35 = 0^{fr},75 de bénéfice par kilog.
175,025 × 0,75 = 131^{fr},268.

65 8^{fr},10 × 300 jours = 2430 fr. gain.
4,75 × 365 jours = 1733^{fr},75 dépense.
2430 fr. — 1733,75 = 696^{fr},25 × 4 ans = 2785 francs.

66 1250 fr. × 12 mois = 15,000 francs. Dépense annuelle.
4,95 × 16 = 79^{fr},20 × 300 jours = 23760 francs recette.
23760 fr. — 15000 = 8760 francs.

Page 12.

67 $0^{fr},50$ × 8 enfants = 4 fr. × 52 semaines = 208 francs.
68 $65^{k},85$ × $1^{fr},55$ = $102^{fr},0675$: 6 personnes = $17^{fr},0112$.
69 425 hectolitres = 425000 litres ou kilogrammes.
70 $15^{fr},25$ × 365 jours = $5566^{fr},25$ + 1200 = $6766^{fr},25$.
71 200 fr. : 1000 gr. = $0^{fr},20$ × 5 gr. = 1 franc.
72 4548 hectol. = 454,800 litres ou kilogrammes.

Page 13.

73 325 m. × 175 = 56875 mètres carrés ou 568 ares 75 centiares.
74 330 fr. : 110 hectol. = 3 fr. l'hectolitre et le litre 100 fois moins ou 3 : 100 = $0^{fr},03$ × 15 = $0^{fr},45$.
75 6 m. long. × $0^{m},90$ larg. = $5^{mc},40$: $0^{m},75$ larg. = $7^{m},20$ long.
76 5 m. × 4 m. = 20 m. c. : 0,75 = 26 mètres de long.
77 261 fr. : $65^{k},250$ = $0^{fr},004$ × 75 gr. = $0^{fr},30$.
78 12 × 4 = 48 × 20 = $960^{mc},000$ litres.

Page 14.

79 145400 gr. : 5 gr. = 29080 francs.
29080 fr. : 5 fr. = 5816 pièces de 5 francs.
80 745,832,960 : 48,652 = 15,329 fr.; reste 46,452.
81 182 pièces × 210 litres = 38220 litres × $0^{fr},80$ = 30576 fr.
182 pièces × 115 francs = 20930 francs.
30576 fr. — 20930 fr. = 9646 francs de bénéfice.
82 $58^{m},75$ × 480 pièces = 28200 mètres.
1,75 — 1,35 = 0,40 de bénéfice par mètre.
28200 mètres × 0,40 = 11280 francs de bénéfice.
83 3,000 gr. : 125 gr. = 24 paires de bas.
84 $128^{st},6$ × 21 fr. = $2700^{fr},60$.

Page 15.

85 20 m. × 12 m. = 240 mètres carrés.
2 × 3 = 6 mètres carrés.
240 : 6 = 40 lits.
86 4,800 p. : 12 pommes = 400 kilog. × 0,35 = 140 fr.
87 7 fr. : $6^{m},25$ = $1^{fr},28$ le mètre carré.
88 $7^{fr},80$: $0^{fr},30$ = 26 litres de lait.

89 $25^{me},00 : 5 = 500$ ardoises.

90 $10 \times 8 = 80 \times 5 = 400$ mètres cubes ou stères.

PAGE 16.

91 8000 m. : 8 mètres = 1000 arbres $\times 2 = 2000$ arbres.

92 $12 \times 10 = 120 \times 5 = 600{,}000$ décimètres cubes ou litres : 10 = 60,000 décalitres.

93 $240 \times 50 = 120$ ares 00.

94 45 m. 00: 150 = 30 moutons.

95 $4^{fr},85 : 2^{k},420 = 2$ francs le kilog.

96 6 fr. : 10 litres = $0^{fr},60$ le litre.

$6^{l},85 \times 0{,}60 = 4^{fr},11$.

PAGE 17.

97 540 hect. 00 : 220 litres = 245 futailles.

98 65 litres $\times 0{,}25 = 16^{fr},25$.

$65 - 15 = 50$ litres.

$16^{fr},25$: 50 litres = $0^{fr},32$.

99 12 k. $\times$ 6 h. = 72 $\times$ 8 j. = 576 kilomètres.

100 $12{,}625 \times 23$ fr. = $290^{fr},375$.

101 $12^{fr},75 \times 3{,}25 = 41^{m},4375$.

102 12 fr. : 0,75 = 16 francs.

PAGE 18.

103 75 fr. : 150 = $0^{fr},50 \times 300$ litres = 150 francs.

104 0,4500 centiares $\times$ 2,100 fr. = 945 francs.

2100 fr. : 10000 = $0^{fr},21$ le centiare.

105 2,80 : 1,40 = 2 fr. $\times$ 35 mètres = 70 francs.

106 80 fr. : 2 stères = 40 francs : 10 = 4 fr. le décistère.

107 225 litres $\times 0^{fr},60 = 135$ francs.

108 55 ares $\times 4 = 220$ ares ou 22,000 centiares.

35,200 centiares — 22000 = 13200 centiares.

PAGE 19.

109 $22^{fr},50$: 150 litres = $0^{fr},15$ d'augmentation.

110 $175 \times 2^{fr},45 = 428^{fr},75$.

111 150 litres $\times 0^{fr},10 = 15$ francs.

112 24 fr. × $0^{m},25$ = 6 francs.

113 225 fr. : 75 mètres = 3 francs le mètre.

114 18 h. × 5 myr. = 90 myriamètres.

Page 20.

115 $150^{h},000 \times 8^{fr},75$ = 1,312,500 francs.

116 1328 : 4 = 332 heures.

117 $3^{fr},20$ × 12 kilog. = $38^{fr},40$.

118 68 m. : 17 heures = 4 m. à l'heure.

476 m. : 4 m. = 119 heures.

119 De 6 heures à midi = 6 heures.

De midi à 4 heures 6 + 4 = 10 ; elle arrivera à 4 heures de l'après-midi.

120 1875 — 1808 = 67 ans.

CORBEIL. — IMPRIMERIE DE CRÉTÉ FILS.

CAHIERS D'ARITHMÉTIQUE

ET DE

SYSTÈME MÉTRIQUE

Par L. ROLLIN

Le **PREMIER CAHIER** comprend : 1° la théorie de la **numération** des nombres entiers et des nombres décimaux, avec 244 exercices progressifs ; 2° la théorie de l'**addition** des nombres entiers et des nombres décimaux, avec une table d'addition et 319 exercices gradués.

Le **DEUXIÈME CAHIER** comprend : 1° la théorie de la **soustraction** des nombres entiers et des nombres décimaux, avec une table de soustraction, 280 *exercices préparatoires* et 203 *soustractions ;* 2° une série de 56 **problèmes** sur l'addition et la soustraction.

Le **TROISIÈME CAHIER** comprend la théorie de la **multiplication** des nombres entiers et des nombres décimaux, une table de multiplication, une série d'exercices progressifs sur les multiplications par 1, 2, 3, 4 et 5 chiffres, la *théorie de la preuve par* 9 et des problèmes formant un total de 433 exercices.

Le **QUATRIÈME CAHIER** comprend la théorie simplifiée de la *division* des nombres entiers et des nombres décimaux, une table de division et 412 exercices progressifs sur la division, dont la plus grande partie est disposée de manière à ce que l'élève puisse en faire la preuve au moyen de la multiplication. Nous nous sommes beaucoup appesanti sur la division, qui est la plus difficile des quatre règles.

Le **CINQUIÈME CAHIER** contient 150 problèmes servant de récapitulation aux quatre cahiers précédents.

Le **SIXIÈME CAHIER** renferme : 1° les notions élémentaires du système métrique avec des figures dans le texte, et 117 exercices et problèmes ; 2° la théorie des *mesures de superficie* avec figures, 91 exercices et problèmes ; 3° la théorie des *mesures de volume* ou de *solidité* avec figures représentant le **mètre cube** et **le stère**, plus 39 exercices sur la numération et les quatre règles des mesures cubiques.

Le **SEPTIÈME CAHIER** est la continuation du système métrique; il contient : 1° la théorie des *mesures de capacité* avec figures explicatives ; 2° la théorie des *mesures de poids* avec les figures de tous les poids en usage; 3° la théorie des *mesures monétaires* avec un tableau donnant le poids, la valeur et le diamètre des monnaies d'or et d'argent ; 4° des exercices et problèmes sur chacune des mesures en particulier, et des problèmes de récapitulation sur tout le système métrique.

Le **HUITIÈME CAHIER** renferme 120 problèmes de récapitulation sur l'**addition,** la **soustraction,** la **multiplication,** la **division** des nombres entiers, des nombres décimaux et du **système métrique.**

CORBEIL, typ. et stér. de CRÉTÉ FILS.

www.ingramcontent.com/pod-product-compliance
Lightning Source LLC
LaVergne TN
LVHW050427160826
845677LV00002BA/576

* 9 7 8 2 3 2 9 6 8 9 3 9 5 *